현대과학의 창시자
왓슨과 크릭
이중 나선 구조의 발견과 그 이후

디아스포라(DIASPORA)는 독자 여러분의 책에 관한 아이디어와 원고 투고를 기다리고 있습니다. 디아스포라는 전파과학사의 임프린트로 종교(기독교), 경제·경영서, 일반 문학 등 다양한 장르의 국내 저자와 해외 번역서를 준비하고 있습니다. 출간을 고민하고 계신 분들은 이메일 chonpa2@hanmail.net로 간단한 개요와 취지, 연락처 등을 적어 보내주세요.

현대과학의 창시자

왓슨과 크릭

이중 나선 구조의 발견과 그 이후

―

초판 1쇄 발행 2002년 02월 20일
개정 1쇄 발행 2025년 09월 12일

―

지 은 이 데이비드 E. 뉴턴
옮 김 한국유전학회
발 행 인 손동민
디 자 인 오주희

―

펴 낸 곳 전파과학사
출판등록 1956년 7월 23일 제10-89호
주   소 서울시 서대문구 증가로18, 204호
전   화 02-333-8877(8855)
팩   스 02-334-8092
이 메 일 chonpa2@hanmail.net
공식 블로그 http://blog.naver.com/siencia

ISBN 979-11-94832-23-2 (03470)

• 이 책은 저작권법에 따라 보호받는 저작물이므로 무단전재와 무단복제를 금지하며, 이 책 내용의 전부 또는 일부를 이용하려면 반드시 저작권자와 전파과학사의 서면동의를 받아야 합니다.
• 파본은 구입처에서 교환해 드립니다.

현대과학의 창시자
왓슨과 크릭

이중 나선 구조의 발견과 그 이후

데이비드 E. 뉴턴 지음 | **한국유전학회** 옮김

전파과학사

번역에 부쳐서

왓슨과 크릭은 1953년 DNA의 분자 구조를 밝혀 현대 유전학의 새로운 창을 연 과학자이다. 연구 동료인 윌킨스와 프랭클린의 DNA X선 회절 자료를 해석해 DNA는 서로 상보적인 두 가닥의 이중 나선이 역평행으로 이뤄져 있음을 밝혔다. 그들의 연구 업적은 유전자의 화학적 본체를 이해하는 데 크게 공헌했으며 이 업적으로 왓슨과 크릭은 1962년에 윌킨스와 함께 노벨 생리학·의학상을 수상했다.

멘델이 유전 법칙을 발견한 이후 드디어 왓슨과 크릭이 유전자의 분자 구조를 규명하면서 20세기 후반 유전자의 기능 연구와 유전자 조직 기술 발전의 계기가 됐다. 이들은 그 후에도 분자유전학의 발전에 기여해 21세기의 시작과 함께 전개되고 있는 유전체의 구조, 기능을 밝혀내고자 하는 유전체학의 선구자였다.

이 책은 분자유전학의 오늘이 있게 한 왓슨과 크릭의 연구 인생과 업적을 통해 과학자가 인류에 공헌할 수 있는 학문적 세계를 탐미해 보는 귀중

한 길잡이가 될 것이다.

    한국유전학회 총서는 그간 끊임없이 아껴 주신 독자들에 힘입어 이번에 8권째를 출판하게 됐다. 이 책의 번역에 기꺼이 참여해 주신 한국유전학회 회원 여러분께 심심한 사의를 드린다. 특히 이 총서 사업을 제8권부터 기획하고 추진해 온 출판위원회 박은호 위원장과 정영란 간사에게 다시 한번 감사드린다. 아울러 내용에 걸맞은 알찬 책을 만들어 주신 전파과학사 사장님과 편집실 여러분께도 깊은 감사를 드린다.

2001년 12월 31일
한국유전학회 회장
서울대학교 생명과학부 교수 김상구

원저에 대해

이 책의 원저는 과학교육학자이자 과학 저술가인 데이비드 E. 뉴턴 박사가 저술한 『James Watson and Francis Crick: Discovery of the Double Helix and Beyond』이다. 이 책은 이제는 일반인에게도 친숙한 DNA의 구조를 규명한 왓슨과 크릭의 인생과 학문을 과학사적인 입장에서 조명한 역작으로, 1996년 Facts On File 출판사에서 현대 과학의 개척자들(Makers of Modern Science) 전기물 시리즈 중 한 편으로 출판했다.

본 학회는 생명과학에 혁명을 일으킨 DNA 구조의 발견이 어떠한 과정을 거쳐 이뤄졌고, 이 과정에서 핵심적 역할을 한 왓슨과 크릭이 이렇게 학문적 인생을 걸어왔는지를 후학에 일깨울 필요가 있다고 판단해 이 책을 『한국유전학회 총서 제8권』으로 번역 출판했다.

이미 1968년에 출판된 왓슨의 저서 『The Double Helix: 이중 나선』(하두봉 역, 1971, 전파과학사)은 왓슨이 자신 입장에서 쓴 자서전이나, 이 책은 제3자가 본 두 사람의 인생과 DNA 구조의 발견 과정이다. 그뿐만 아니라이 책은 두 사람의 대발견 이후의 연구 생활도 조명하고 있다.

학회의 방침대로 16명의 회원이 분담해 번역한 것을 내용의 통일성을 기하고자 출판위원에서 가필 정정했다. 모든 생물학 용어는 한국생물과학협회에서 2000년 1월에 출판한 『생물학용어집』을 따랐다.

2001년 12월 31일
한국유전학회 출판 위원장
한양대학교 자연과학대학 생물학과 교수 박은호

차례

번역에 부쳐서 5
원저에 대해 7
서론 11

제1장 **크릭의 청소년 시절** | 21

제2장 **왓슨의 청소년 시절** | 37

제3장 **혁명적 연구의 시작** | 55

제4장 **도전과 승리** | 75

제5장 **새로운 시작** | 109

제6장 **노벨상 이후의 크릭** | 123

제7장 **노벨상 이후의 왓슨** | 145

제8장 **DNA에 숨겨졌던 생명의 신비** | 161

서론

이 책은 탐정 소설이나 다름없다. 이 책은 아주 흥미로우며, 20세기에서 가장 중요하고 매우 어려웠던 과학적 발견 중 하나에 대해 이야기하고 있다. 성장과 교육 배경이 서로 다른 두 사람, 즉 영국인과 미국인 두 과학자는 유전 물질인 DNA의 화학적 구조가 어떠하기에 생명체에서 유전 형질을 지배하게 되는지를 밝혀내기 위해 공동 연구를 시도했다. 생명의 원천이자 지구상의 모든 생명체를 지배하는 이 분자는 식물이 어떻게 자라고, 사슴이 언제 뿔을 갈게 되며, 소녀가 언제 숙녀로 변하는지 결정하는 생명의 모든 정보를 담고 있다. 또한 이 분자는 한 세대에서 다음 세대로 이러한 정보가 어떻게 전달되는지도 가르쳐 준다. 이와 같은 발견이 현재와 미래의 우리 자신에게 어떠한 영향을 미치게 될 것인가를 살펴보기 위해, 우리는 두 가지 예를 들어 설명하고자 한다. 즉, 살아가는 데 있어 중요한 계기가 될 수 있는 질병을 사람들이 과거와 현재 어떻게 대처하고 있는지 알아보자.

질병에 관한 생기설을 설명하는 그림.
20세기 초 일본에서 그려진 그림으로, 한 사무라이가 홍역으로부터 자신을 막아 내기 위해 무장하고 있는 모습이 잘 나타나 있다. 위쪽의 그림은 무당이 홍역을 쫓아내기 위해 악귀에게 주술을 거는 것을 보여 주고 있다.

1865년의 일이었다. 한 일본인 사무라이가 홍역을 앓게 됐다. 의사는 사무라이의 증상을 호전시키기 위해 약초를 사용해 치료했다. 그러나 그 두 사람은 사무라이의 적이 무당을 고용해 홍역에 걸리도록 저주한 게 병의 원인이라고 믿었다. 즉, 무당이 사무라이의 몸에 악령을 들어가게 하여 홍역이 발병했다고 생각한 것이다. 의사가 처방한 약초는 악령이 유발한 병에 별다른 효과가 없었을 것이다. 그들은 다른 무당을 고용해 사무라이의 몸속에 있는 악령을 몸 밖으로 내쫓아 병을 고치려 했다.

1991년의 일이었다. 한 소녀가 중증복합면역부전증(Severe Combined Immunodeficiency Syndrome: SCID)이라는 희귀병에 시달리고 있었다. 그녀의 몸은 어떤 전염병과도 싸워서 이길 수 없는 상태였으므로 만약 그녀가 홍역에 걸리게 된다면, 그녀는 죽게 될 것이었다. 그녀가 생존하려면 모든 병원균을 차단할 수 있는 커다란 무균 플라스틱 상자 안에서 사는 방법밖에 없었다. 그 환자를 돌보던 의사들은 이 병의 원인이 그녀의 체내에 있어야 할 어떤 면역 단백질 분자가 부족하기 때문이라는 사실을 알고 있었다. 병의 원인을 알고 있으니 의사들은 치료법도 찾아낼 수 있었을 것이다. 즉 그들은 그녀에게 부족한 면역 분자를 생산하게 할 수 있는 물질을 그녀에게 주사하면 그녀를 회복시킬 수 있었다. 만약 이런 처방이 가능하다면, 그 소녀는 무당의 힘을 빌리지 않고 건강을 되찾을 수 있을 것이다.

이상의 두 이야기는 질병을 치료하는 데 있어 전혀 다른 방법으로 접근하고 있음을 보여 준다. 첫 번째 이야기는 19세기 일본인 의사가 홍역을 어떻게 치료하는지를 설명하고 있다. 그 의사는 어떤 질병은 약으로 치료할 수 있으나, 또 어떤 질병은 약만으로는 치료할 수 없다고 생각했다. 그는 영혼이 사람의 체내에 들어가서 질병을 일으킬 수 있다고 확신했다. 따라서 무당이나 마법사들만이 이러한 질병을 치료할 수 있다고 믿었다.

현대에도 꽤 많은 사람들이 이와 같은 믿음을 가지고 있는데 흑마술(Black Magic)과 부두교(Voodoo)는 모두 이런 믿음에서 비롯됐다. 그리스도를 믿는 과학자들도 비슷한 믿음을 가지고 있다. 그들은 의학적 처방보다 하느님께 기도하는 것으로 질병을 치유할 수 있다고 믿고 있다. 이러한 믿음은 생기론(vitalism)이라는 철학적 개념에서 생겨났다. 생기론은 '살아 있는 생물은 근본적으로 무생물과는 다른 영적인 차원이 있다'고 생각하는 것이다. 즉, 살아 있는 모든 생물은 원자나 분자의 집합체 외에 우리가 아직 모르는 다른 어떤 것들로 구성돼 있다고 생각한다. 이 어떤 것은 사람들이 조절할 수 없을 뿐만 아니라 과학자들이 분석할 수도 없는 특이한 특성이 있다고 여긴다. 이러한 특이한 특성을 "영혼" 또는 "하느님의 입김", "생명의 불꽃", "정기" 등의 이름으로 불렀다.

생기론적 철학은 부두교나 그리스도를 믿지 않는 과학자들 가운데에서도 상당수가 신봉할 만큼 널리 퍼져 나갔다. 한 기자가 사람의 몸속에 있는 화학 물질의 가치를 계산해 기사화했는데 사람의 신체는 오늘날의 가치로 보아 3센트에 해당하는 3g의 철과, 1달러 50센트에 해당하는 35g의 마그네슘, 1페니도 안 되는 0.1g의 구리 등으로 구성돼 있다고 한다. 이와 같은 방법으로 계산하면 한 인간의 신체는 그 가치가 100달러 미만의 화학 물질로 구성된 데 불과하다. 이러한 기사의 결론은 결국 사람의 몸은 화학 물질의 가치만이 아닌 그 이상의 어떤 특성이 있다는 점을 강조한다.

따라서 사람은 단순히 원자나 분자들만으로 구성된 생명체가 아니란 것이다. 과학자는 생명체에 있는 모든 분자들을 이용해 어떤 형태를 만들 수는 있으나, "생명의 불꽃"이나 "생명의 숨결"을 불어넣지 못하기 때문에 무생물과 다른 생물체를 만들 수는 없다는 설명이다.

앞에서 설명한 두 번째 이야기는 첫 번째와는 매우 다른 측면에서 생명에 접근하고 있다. 즉, 살아 있는 생물체라고 해서 무생물과 특별히 다를 바가 없다는 것이다. 이들은 근본적으로 생물을 돌이나 무기 염류, 또는 다른 무생물들과 차이가 없다고 본다. 식물이나 동물들이 대부분 무생물에 비해 복잡한 체제로 돼 있는 것은 분명하다. 그러나 생물체들도 다른 무생물들과 마찬가지로 원자나 분자들로 구성돼 있다는 점에서는 거의 유사하거나 같다. 생명체를 이와 같은 견해로 해석하는 것을 환원주의(reductionism)라고 한다. 이 말에서 뜻하는 바와 같이, 매우 복잡한 생명체일지라도 이들의 체제와 특성은 분석해 보면 가장 단순한 형태의 물질이나, 원자 및 분자들로 환원시킬 수 있다는 것이다. 따라서 건강이나 질병도 과학적 지식으로 해석할 수 있기에 영혼이나, 하느님, 또는 다른 초자연적 실체를 인정하지 않고 질병을 치료한다는 견해이다.

이러한 견해의 차이가 마치 철학적 차원에 속하는 것으로만 보일 수도 있으나, 이에 관한 몇 가지 매우 중요한 의미를 우리 일상생활에서 찾아볼 수 있다. 첫째, 만약 살아 있는 식물이나 동물들이 물리 화학적 법칙에 따르는 원자나 분자들과 다를 바가 없다면, 생물학자들은 결국 건강과 질병에 관한 모든 원리를 알아내게 될 것이며, 궁극적으로 생명과 죽음에 대해서도 전부 밝히게 되리라는 뜻이다. 따라서 우리는 생명의 최대 관심사인 질병과 죽음을 해결하기 위해 마술이나 신비주의, 그리고 영혼 등과 같은 것에 관심을 가질 필요가 없다는 뜻이다.

둘째, 만약 죽음과 질병이 순전히 생물학적인 방법으로만 설명된다면, 사람의 생명에 관한 다른 것들도 이와 같은 관점에서 다루게 된다. 만약 과학자들이 어떤 환자에게 새로운 분자를 주사해 질병을 치료할 수 있다면, 이들은 다른 건강한 사람을 대상으로 몸속 분자 구조를 변경시킬 수도 있지 않겠는가? 그렇다면 생물학자들은 언젠가는 어떤 사람의 체내 화학적 구조를 변화시켜서 키를 크게 하거나 작게 하고, 아니면 지능을 높게 하거나 낮게 하고, 검은 머리카락을 갈색 머리카락이나 붉은 머리카락으로, 무뚝뚝한 사람을 재치 있는 사람으로 또는 수다스러운 사람을 과묵한 사람으로 만들지 못할 까닭이 없지 않은가?

어떤 사람들은 지난 수 세기 동안 이러한 인간의 형질 전환의 가능성에 대해 염려해 왔다. 이들은 생물학자가 자신들이 원하는 형질로 사람을 개조할 수 있다는 것에 대해 경고해 왔다. 이와 관련해 『프랑켄슈타인(*Frankenstein*)』[1]이나 『브라질에서 온 소년들(*The Boys from Brazil*)』[2] 등과 같은

---

1 『프랑켄슈타인』: 영국의 여성작가 셸리(Mary Wollstonecraft Shelley)가 1818년에 발표한 작품. 한 물리학자가 만들어 낸 기괴한 모습의 인조인간이 창조주에 대한 증오심으로 살인을 저지른다는 이야기이다. 케네스 브래너 감독, 로버트 드니로 주연으로 영화화되기도 했다.

2 『브라질에서 온 소년들』: 독일 태생의 미국 추리 소설가 레빈(Ira Levine)의 1976년도 작품. 패전 후 나치 추종자들이 나치 재건을 위해 히틀러의 복제 인간을 수십 명 만들어 브라질로 세계 곳곳에 입양한 극비 사실을 알아낸 반나치 조직이 이에 대항해 벌이는 스릴러. 1970년대 작품임에도 불구하고

세계인의 관심을 불러일으킨 유명한 공상 과학 소설도 탄생했다.

그러나 이러한 소설들은 어디까지나 과학적 픽션으로 대중은 과학자들이 창조하거나 조작할 수 없는 어떤 특별한 무엇이 생명에 있다고 믿고 있다. 그러나 만약 생기론이 잘못된 것이라면, 생물학자들은 언젠가는 자신들이 원하는 방향으로 생명체를 조작할 수 있을 것이다. 1980년대부터 생물학자들은 이미 유전자 조작을 통해 소규모로 생명체의 형질을 바꾸고 있지 않은가?

생명의 본질에 대한 수수께끼를 풀 방법은 원자와 분자를 살아 있는 생물체와 연결 짓는 데 있으며, 이는 곧 화학 및 물리학을 생물학 분야와 결합하는 것을 의미한다. 어떤 사람의 붉은색 머리카락이나 푸른 눈, 또는 지능을 그 사람의 체내에 있는 특이 원자나 분자들의 작용이라 설명할 수 있겠는가? 오늘날 우리는 이와 같은 질문에 분명히 "예"라고 대답할 수 있다. 오늘날 생물학자들은 눈과 머리카락 색깔, 그리고 질병을 비롯해 사람의 생명 현상과 관련된 여러 가지 현상에 대해 분자론적으로 설명이 가능하다는 것을 알고 있다.

이런 관점에서 볼 때, 아마도 가장 획기적인 20세기의 분자생물학적 발견은 DNA 분자의 구조를 발견한 것이라고 할 수 있을 것이다. 1953년, 왓슨(James D. Watson, 1928~)과 크릭(Francis H. C. Crick, 1916~2004)이 DNA의 분자 구조를 발견했다. 일부 과학사 학자들은 이 발견을 "다윈

동물 복제 기법을 생물학적으로 정확하게 예측해서 기술했다. 프랭클린 J. 샤프너 감독, 로렌스 올리비에, 제임스 메이슨, 그레고리 펙 주연으로 1978년에 영화화되기도 했다.

의 진화론"[3], "멘델의 멘델 법칙 발견"[4], "멀리스의 DNA 중합 효소 연쇄 반응의 개발"과 더불어 생명과학 역사상 가장 획기적인 발견 중 하나라고 평한다. 왓슨과 크릭은 누구이며, 이들은 어떻게 해서 생명의 원천인 DNA 분자에 대한 연구를 하게 됐는가? 그들이 DNA의 구조를 발견하기까지 어떤 연구 과정을 거쳤으며 구체적으로 무엇을 발견했는가? 그리고 이 발견이 왜 그토록 생명 현상의 신비를 풀 수 있는 핵심적 열쇠인가? 이 책이 이런 질문에 대한 궁금증을 풀어 줄 것이다.

---

3   한국동물학회 교양 총서 제1권 『찰스』, 1999, 전파과학사.
4   한국유전학회 총서 제1권 『멘델』, 2008, 전파과학사.

제1장

크릭의 청소년 시절

크릭(Francis Crick)은 일주일 중 일요일 오전을 별로 좋아하지 않았다. 그는 시골 교회 서기의 아들로서 노샘프턴 회중 교회(Northampton Congregational Church)의 예배에 꼭 참석해야 했기 때문이다. 크릭처럼 영리하고 호기심 많은 남자아이는 따분하게 교회에 앉아 있는 것보다 다른 하고 싶은 일들이 더 많기 마련이다.

크릭은 나중에 이러한 사실을 어느 회고록에서 술회했는데 어릴 적에 그가 일요일에 꼭 교회에 가야만 했던 것이 그가 반생기론적 철학을 갖게 되는 데 영향을 줬다고 한다. 그의 반생기론적 철학은 그의 사고와 연구에서 근간이었다.

크릭의 이러한 반종교적 태도는 가족의 전통을 깨는 것이었다. 그는 1916년 6월 8일 영국의 노샘프턴의 전통적인 중산층 사업가의 아들로 태어났다. 그의 할아버지 월터 드로브리지 크릭(Walter Drawbridge Crick)은 부츠와 신발 회사인 '라티머 크릭 회사(Latimer Crick and Company)'의 중역이었다. 할아버지는 비록 46세에 돌아가셨지만 운 좋게도 사업으로 재산을 모으셨고, 1903년 돌아가신 후 그 공장을 크릭의 아저씨인 월터(Walter Crick)에게 물려줬다. 그 후에 크릭의 아버지인 해리(Harry Crick)도 공장 일을 월터 아저씨와 함께하게 됐다.

불행하게도 제1차 세계 대전 직후 몇 년 동안 영국의 많은 사업가들이 어려움을 겪으며 수천 개의 회사들이 파산했다. 크릭 아버지의 회사도 그중 하나였다. 사업이 실패하자 월터 아저씨는 미국으로 이민을 떠났고, 이후 18년 동안 미국에서 여러 신발 회사의 세일즈맨으로 일했다.

크릭의 아버지도 가족들과 런던으로 이사했고 런던에서 여러 개의 구두점을 경영했다. 크릭 가족은 구두점 경영으로 어느 정도의 유복한 생활을 할 수 있었으나 신발 공장이 파산하기 전의 생활만은 못했다.

런던으로 이사 가게 된 또 다른 이유는, 프랜시스와 앤서니(Anthony Crick)의 교육 문제 때문이기도 했다. 크릭 가문의 모든 남자들은 '밀힐 고등학교(Mill Hill School)'를 다녔고 프랜시스 크릭도 1934년에 이 학교를 졸업했다. 이 학교의 교장 선생님이었던 하트(Michael Hart) 씨는 프랜시스 크릭을 매우 총명하고 공부를 잘하는 아이로 기억하고 있었다. 하트 씨는 프랜시스 크릭이 목소리가 높고 날카로웠으며 늘 즐거운 표정을 하고 있었고 말이 많았다고 했다. 그는 어른이 돼서도 계속 그러했다. 하트 씨는 학교의 누구도 프랜시스 크릭이 그렇게 성공하게 되리라고는 상상도 못 했다고 한다.

크릭 가족이 런던으로 이사하면서 동생 앤서니 역시 집안의 전통을 이어 밀힐 고등학교를 다녔고 프랜시스 크릭은 밀힐 고등학교 졸업 후 런던에 있는 유니버시티 칼리지(University College)로 진학했다.

크릭이 좋아했던 과목은 과학이었다. 밀힐 고등학교에서 그는 물리학과 수학 과목에서 뛰어났고 화학도 잘했다. 그러나 그는 어릴 때 과학을 주로 독학으로 배웠고 가족 중 누구도 과학을 전공하거나 과학에 관심 있는 사람은 없었다. 크릭이 어릴 때부터 오직 과학만을 좋아하고 관심 있는 것을 보고 가족들은 그가 과학을 전공하게 했다.

크릭이 대학에 진학할 때쯤 모두 그가 과학을 전공하게 될 것이며 그 분야에서 잘할 것이라고 기대했다. 그러나 그가 1937년 대학을 졸업할 때의 물리학 성적은 썩 우수하지 못해 기대에 어긋났다.

그는 유니버시티 칼리지 과학 분야에서 학사 학위를 받은 후 같은 기관의 대학원에서 물리학을 전공했다. 대학원 과정에서 그의 연구 주제는 물의 점성에 미치는 고온의 영향이었다. 제2차 세계 대전이 발발한 2년 후 그는 그 연구를 거의 끝내게 됐다. 그 후 크릭은 런던을 떠나 테딩턴(Teddington)에 있는 영국 해군성의 연구실에서 일하게 됐다.

테딩턴에서 크릭은 영국 해군의 새로운 기뢰 개발 연구에 참여했다. 이 연구소의 과학자들은 영국 기뢰를 제거하기 위해 독일군이 개발한 기뢰 탐지 장치를 피할 수 있는 새로운 기뢰를 개발해야만 했다. 독일군이 영국의 기뢰를 탐지해 파괴하면 크릭의 실험실에서는 또다시 새로운 기뢰를 개발했다. 무슨 운명의 장난인지 유니버시티 칼리지에서의 크릭의 연구 자료는 전쟁 초기에 독일군의 폭격으로 파괴됐다.

크릭의 전기 작가 중 한 사람인 올비(Robert Olby)는 크릭이 기뢰에 대한 어떤 문제에 봉착했을 때 단숨에 그 문제를 간단히 해결하곤 했다고 한다. 그의 해결책은 그 연구팀의 누구도 생각할 수 없었던 기발한 것이었다. 올비는 이 경우를 예로 들며 크릭은 복잡하고 어려운 문제를 꿰뚫어 볼 줄 알고 영리하고 혁신적인 해결책을 찾을 수 있는 특출한 능력자였다고 그를 평했다.

또한 올비는 크릭이 성격상 실험실 동료들하고는 잘 어울리지 못했다는 점을 지적했다. 크릭은 다른 사람들의 감정을 고려하지 않고 자신의 생각을 직선적으로 표현하는 경향이 있었다. 그의 그런 성격 때문에 연구소에서는 때때로 긴장감이 돌았다. 크릭은 그의 상관이 말할 때 말도 안 되는 소리를 한다고 면박을 주어 기분을 상하게 하기도 했다.

전쟁이 끝날 무렵 크릭은 새로운 업무를 맡게 됐다. 그는 영국 해군성에 계속 머물기로 했으며 런던에 있는 해군 정보국(Naval Intelligence Division)에 배치됐다. 그는 입자 물리학이나 생물체에 응용할 수 있는 물리학에 대한 기초 연구를 할 계획이었다.

그러나 그의 흥미는 점점 다른 방향인 생물학 분야로 쏠렸다. 그는 현명하고 탁월한 선택을 했던 것 같다. 물리학과 생물학은 둘 다 과학이지만 여러 면에서 매우 다르다. 물리학은 에너지와 같은 과학 중 가장 어렵고 추상적인 개념을 다루며 생물학은 구체적이며 살아 있는 생물체를 다룬다. 1940년대의 과학자들은 이 두 학문에서 어떠한 연결점도 찾지 못하고 있었다.

크릭은 다음 두 가지 이유로 새로운 연구 분야로 생물학을 선택했다고 말했다. 첫째, 그는 신의 존재를 부정하는 무신론자로 그의 신념을 과학으로 밝혀 보고 싶었다. 당시의 과학자들은 그들의 연구를 수행하는 데 그 당시의 종교관에서 자유롭지 못했다. 종교적인 신념은 과학적 사고에 미묘하게 영향을 끼쳤으며 그 예가 18세기의 생기론이다.

생기론에 따르면 생물체를 구성하는 화학 물질은 무생물을 구성하는 화학 물질과는 다르다는 것이다. 예를 들면 과일에 있는 시트르산, 타르타르산, 자당은 돌에 있는 염, 석고, 이산화규소와 기본적으로 다르다고 생각한다. 생물체에 있는 화학 물질은 신이 불어넣은 생명의 기운이 있으므로 생기론을 믿는 과학자들은 생물을 연구하는 방법이 무생물을 연구하는 방법과 달라야 한다고 생각했다.

1940년대쯤 과학자들은 더 이상 생기론을 믿지 않게 됐다. 그러나 이와 같은 옛날 생각은 아직도 과학자의 사고에 여러 방면으로 많은 영향을 주고 있었다. 예를 들면 생물학자들 대부분은 생물이 화학 물질의 덩어리 이상의 존재라고 믿었다. 사실 생물체가 어떠한 화학 물질로 구성됐는지 분석하는 것은 가능하다. 그러나 어떤 과학자도 이러한 물질들을 합쳐 생명체를 탄생시킬 수 있다고 생각하지는 않았다. 생명이란 단순히 물질들이 뭉쳐 있는 것이 아니라 그 이상의 것이라고 생각했다. 이러한 물질들의 덩어리가 생명체가 되기 위해서는 어떤 그 '무엇'이 더 첨가돼야 하는데 생물학자들은 그것을 '신의 입김'이라고 부르지는 않았지만 사실 이와 비슷한 것이리라 생각했다.

크릭은 이런 신비한 생기론의 영향을 과학적 사고에서 제거하길 바랐다. 그는 모든 물질은 그것이 생물이든 무생물이든 화학적으로, 물리학적으로 분석할 수 있다고 생각했다. 즉, 생물체의 물질은 이해하기기 더 복잡하고 어려울지 모르지만 그렇다고 그것을 분석하는 데 다른 특별한 연구 방법이 필요한 것은 아니라고 생각했다.

이러한 생각을 밝히는 데 크릭보다 더 제격인 사람이 누구였겠는가? 그는 이미 물리학에 해박했으니, 화학과 생물학의 전문 지식만 갖추면 되는 것이었다.

크릭의 결정에 두 번째로 영향을 준 것은 슈뢰딩거(Erwin Schrödinger, 1887~1961)가 쓴 『생명이란 무엇인가?(*What Is Life?*)』라는 책이었다. 슈뢰딩거는 1926년 원자가 모든 물질의 구성 성분 중 나뉠 수 있는 가장 작은 단위라는 중요한 모델을 제시한 오스트리아의 훌륭한 물리학자였다. 슈뢰딩거의 책이 크릭에게 깊은 영향을 준 점은 물리학과 화학의 원리로 생명을 이해할 수 있다는 것이었다. 크릭은 슈뢰딩거의 아이디어를 받아들여 화학과 물리학으로 생명 현상을 설명하는 연구를 시작했고 이 분야의 연구에 몰두했다.

1947년 봄, 크릭은 영국의학연구재단(English Medical Research Council)에 연구 장학금을 신청했다. 그는 그 신청서에 그의 새로운 연구 계획에 대해 다음과 같이 쓰고 있다.

내가 흥미 있는 분야는 생물과 무생물을 구별할 수 있는 전형적인 단백질, 바이러스, 박테리아 그리고 염색체의 구조입니다. 조금 먼 장래의 일이지만 궁극적으로 이들의 기능을 구조와 연계해 이들을 구성하는 원자의 공간적인 분포를 규명하는 것입니다. 이와 같은 연구 분야는 생물학과 물리학, 화학을 결합한 것이라고 할 수 있습니다.

1947년 가을, 크릭은 새로운 경험을 하게 됐다. 그는 케임브리지 대학교(Cambridge University)의 스트레인지웨이스 연구실(Strangeways Lab-

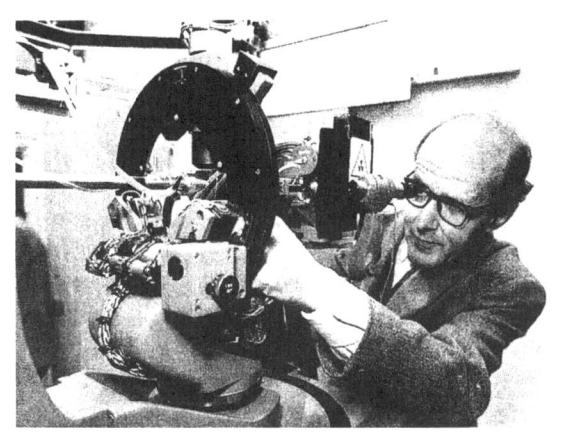

1980년 X선 회절 장치를 조작하고 있는 페루츠(Max Perutz, 1914~2002) 교수의 모습

oratory)에서 연구를 시작했다. 그의 테마는 세포에 관한 연구였다. 크릭은 화학이나 물리학을 거의 이용하지 않는 전통적인 생물학 연구를 했다. 이때는 그가 꿈꿔 왔던 생물학 연구에 혁명적인 시도를 하지 못했다.

오랜 시간 후에 그가 꿈꿨던 일을 할 기회가 있다는 것을 듣게 됐다. 같은 케임브리지 대학교에 오스트리아의 화학자인 페루츠(Max Perutz) 교수가 주도해 단백질 구조 연구를 한다는 것을 알게 됐다. 페루츠는 X선 결정학(X-ray crystallography)의 전문가였다.

X선 결정학은 물질의 기본 구조를 분석하는 방법으로, 그 기술은 빛이 아니라 X선을 이용해 분자 수준에서 시료의 사진을 찍는 것이다. X선 결정학은 1900년대 초에 브래그 경(Sir William Henry Bragg)과 그의 아들인 윌리엄 로런스 브래그 경(Sir William Lawrence Bragg)이 개척했고, 1947년에 로런스 브래그는 페루츠 그룹이 일하고 있던 캐번디시 연구소

(Cavendish Laboratory)의 소장이었다.

X선 결정학은 결정화될 수 있는 어떠한 분자에도 적용할 수 있었다. 결정화되는 동안 분자의 원자들은 규칙적인 배열을 하게 된다. X선을 결정에 조사하면 원자들에 의해 X선이 굴절하게 되므로 결정체에서 굴절된 X선은 결정체 안 원자들의 배열로 특정한 패턴을 만든다. 이 패턴을 사진 필름에 비치면 분자를 구성하고 있는 원자의 배치 양상 사진을 얻는다. 이렇게 함으로써 X선 결정 사진으로 그 분자의 화학 구조를 분석할 수 있다.

그러나 X선 결정학자들의 애로점은 분자의 X선 사진을 분석해 그 물질의 화학 구조를 그려 내는 데 있다. 즉, 분자의 X선 사진 패턴이 어떤 원자 배열을 의미하는가를 해석하는 일이다. 이를 위해 매우 난해하고 복잡한 수식을 사용해야 한다.

1950년대 중반, X선 결정학은 표준화되고 비교적 간단히 결정 구조를 연구하는 재현성 있는 방법으로 자리 잡았다. 또한 이 기술은 이제 생명체를 이루고 있는 크고 복잡한 분자인 단백질과 핵산에도 쓰일 수 있게 됐다.

예를 들면, 1950년대에 X선 결정학은 단백질 구조를 연구할 수 있는 유일한 방법이었다. 단백질은 모든 분자 중 가장 크고 복잡하며 생명체에서 중요한 역할을 담당한다. 단백질은 모든 세포를 구성하는 구조 물질이며 대부분 호르몬과 효소도 단백질이다. 호르몬은 몸의 여러 부분에 화학적 메시지를 전달한다. 또한, 효소는 몸에서 일어나는 화학 반응을 촉매하고 있다. 그러므로 단백질의 특성을 이해하는 것은 곧 생명의 특성을 이해하는 것이 된다.

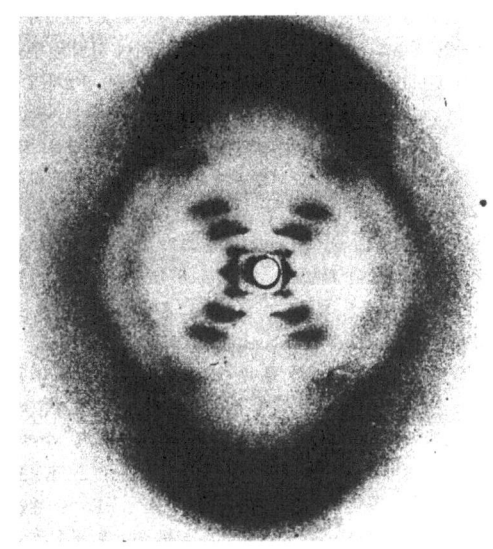

DNA 분자의 X선 회절 사진

캐번디시 연구소 소장 시절의 윌리엄 로런스 브래그 경(Sir William Lawrence Bragg, 1890~1971)
(역자 첨가 자료)

그러나 단백질과 같은 거대 분자에 대한 X선 결정학에는 몇 가지 문제점이 있었다. 첫째는, 큰 분자들은 결정화하기가 어렵다는 것이었다. 둘째로 거대 분자의 사진이 지저분하고 선명하지 않다는 것이었고, 마지막 문제점은 사진의 해상도가 선명할지라도 대개 분석해 해석하기가 매우 어렵다는 점이었다.

이러한 문제점들이 있었음에도 크릭은 페루츠 그룹에 합류하기를 간절히 원했다. 그가 관심 있는 연구 분야를 수행하기 위해서였던 것 같다. 페루츠 그룹의 연구자들은 단백질 분자의 모양인 단백질의 물리적 구조와 생체 내에서의 역할인 단백질의 생물학적 기능 사이의 연관성을 찾고 있었다. 또한 그들은 모든 생명 현상의 기본이 되는 유전 현상의 물리학적, 화학적 기초를 연구하고 있었다.

반세기 가깝게 생물학자들은 유전 현상을 "유전자"라는 개념으로 설명해 왔다. 1800년대 중반, 오스트리아의 신부인 멘델(Gregor Mendel, 1822~1884)[1]은 유전 현상의 기초적인 연구를 수행했다. 멘델은 자신의 연구 결과를 분석해 몇 가지 유전 법칙을 발견할 수 있었다. 멘델은 후에 유전자로 불리게 되는 유전 정보가 들어 있는 특정한 물질의 존재를 암시했다. 그 시대에는 멘델뿐 아니라 그 누구도 유전자라는 것이 있다는 사실을 몰랐다. 단지 그들은 한 세대에서 다음 세대로 형질이 어떻게 전달되는가를 설명하기 위해 단순한 아이디어로 유전자를 생각한 것이었다.

멘델이 유전 법칙 발견하고 80년 후 생물학자들은 유전 현상을 화학이

---

1 한국유전학회총서 제1권 『멘델』, 2008, 전파과학사.

라는 다른 영역에서도 연구하고 있었다. 이들은 유전적 특성을 전해주는 특수한 물질, 즉 유전자의 본체를 찾고 있었으며 그 가장 유력한 후보자가 단백질이었다.

단백질은 한 개체에서 다른 개체로, 그리고 한 세대에서 다음 세대로 전달되는 수천 가지의 유전 형질을 나타낼 수 있을 만큼 수만 가지의 다양한 물질이 될 수 있었다. 이런 논리로 단백질을 "유전 물질"이라고 보았다. 사람의 경우에는 머리 색깔, 눈 색깔, 피부 색깔 그리고 왼손잡이, 오른손잡이 등 다양한 유전 형질이 있다. 그 당시 학자들은 단백질 이외의 어떠한 물질도 이런 엄청난 다양한 정보를 가질 수 있는 복잡한 분자는 없다고 생각했다.

그들은 한 종류의 단백질은 빨간 머리털의 유전 정보를, 다른 종류의 단백질은 노란 머리털의 유전 정보를, 그리고 또 다른 종류의 단백질은 검은 머리털의 유전 정보를 갖고 있다고 생각했다.

이 학설에 의하면 특수한 유전 형질을 전달할 수 있는 수백만 종류의 단백질이 존재해야 한다. 그러나 그것은 문제가 되지 않는 것처럼 보였다. 계산에 의하면 자연계에는 적어도 24×10^{17} 종류의 단백질이 존재할 수 있다는 계산이 나왔다. 그와 같은 단백질의 다양성이 화학자들이 찾고 있던 "유전 물질"로 단백질을 생각하게 한 논리적 근거가 됐다.

1930년대 말 생물학자들은 유전자가 어떤 종류의 단백질이라고 확신하고 있었다. 문제는 단백질이 어떻게 유전 정보를 저장하느냐가 아니라, 어떻게 정보를 양친에서 자손에게 전하는가였다. 이 문제의 해답은 생물학에 엄청난 영향을 줄 것이었다. 이것은 생물학자들에게 화학적이고 물리학적인 기초를 이용해, 어떻게 유전 현상이 일어나는지 이해하는 특수하고 확고한 방법을 제시할 수 있을 것이었다. 그렇기에 페루츠 그룹이 수행하고 있는 단백질 연구는 바로 크릭이 찾고 있던 연구였다.

1949년, 크릭은 스트레인지웨이스 연구실에서 케임브리지의 캐번디시 연구소로 자리를 옮겼다. 자리를 옮기면서 그는 페루츠 그룹에서의 물리학적 연구에서 생물학적 연구로 연구 방향을 바꾸었다.

같은 시기에 크릭은 케임브리지의 곤빌 & 카이우스 대학(Gonville & Caius College)의 박사 학위 과정 입학 허가를 받았다. 그는 분명히 정규 과정을 걸어온 학생은 아니었다. 정규 과정의 학생이라면 22~23세에 학부를 졸업하고 2~3년의 군 복무를 마친 후, 27~28세 경에는 석사 학위를 마쳐야 했으나, 이때 그는 이미 33세였으며, 전 부인인 스피드(Odlile Speed)와 이혼 후 막 두 번째 결혼을 했을 때였다. 어찌 됐든 그는 곤빌 & 카이우스 대학에서 박사 학위 과정의 입학 허가를 받았다.

캐번디시에서의 첫해, 크릭은 생소한 단백질 X선 결정학을 이해하기 위해 열심히 배웠고, 그해 말 그는 페루츠 그룹에서 첫 번째 연구 결과를 발표했다. 페루츠 그룹의 다른 일원인 켄드루(John Kendrew)는 크릭의 발표에 대해 "어처구니없는 한심한 시도"라고 신랄하게 비판했다.

그의 20분간의 발표에서, 크릭은 페루츠, 브래그 경, 그리고 켄드루와 같은 연구팀의 선임 연구원들의 연구 방법과 결론이 잘못됐다고 직설적으로 비판했다. 더욱이 크릭은 그의 상사인 브래그가 고집쟁이이며 아집의 수렁에 빠져 있다고 비판했다.

　이 사건은 노샘프턴에서 온 당돌한 젊은이의 앞날에 좋은 영향을 주지 못했다. 캐번디시에서의 그 불운한 사건으로부터 그가 벗어난 것은 그의 주장이 옳다는 것을 팀의 모두가 인정한 후에야 가능했다.

제2장

왓슨의 청소년 시절

크릭이 다니던 밀힐 고등학교의 교장 선생님은 그 당시 학교에서 크릭이 미래에 훌륭한 업적을 남길 것으로 예견한 사람은 아무도 없었다고 회상했다. 그러나 크릭의 경우와는 달리 왓슨이 다니던 고등학교의 교장 선생님은 왓슨을 다르게 평했다.

왓슨은 소년 시절부터 특출한 재능을 보였다. 그는 고등학교를 15세에 졸업하고 곧바로 시카고 대학교(University of Chicago)에 입학했으며, 4년 후 졸업하면서 철학사와 이학사 학위를 취득했다.

시카고에서 그를 가르쳤던 선생님 한 분은 왓슨이 매우 영리한 학생이었고 그가 강의한 두 과목에서 모두 A 학점을 받았다고 회상했다. 유명한 생물학자이며, 왓슨의 또 다른 은사였던 위스(Paul Weiss)는 왓슨은 어떤 과목에서도 노트 정리를 하지 않았지만 그가 수강한 반에서 항상 1등을 했다고 회상했다.

크릭과 마찬가지로, 왓슨도 평범한 노동자의 집안에서 자랐다. 그의 아버지인 제임스 디웨이 왓슨(James Dewey Watson)은 통신학교에서 사무직으로 근무했다. 그는 자신의 직업을 탐탁지 않게 생각해 학교 선생님이 되려고 노력했으나 결국 원하는 대로 되지 못했다고 왓슨은 회고했다.

그의 어머니인 진 미첼 왓슨(Jean Mitchell Watson)은 시카고 대학교에서 비서로 근무했다. 그녀는 또한 민주당 당원이었으며, 그의 집에서 정당 모임도 했다. 왓슨의 아버지는 영국 성공회 신자였고, 어머니는 가톨릭 신자였으나 두 사람 모두 독실한 신자는 아니었다.

왓슨은 1928년 4월 6일에 태어났다. 그의 가족들은 시카고 북쪽의 제철소와 대학 사이에 살았다. 그러나 왓슨은 그의 집이 제철소 쪽에 더 가까이 있었다고 회상했다. 왓슨은 키가 크고 말랐으며, 매우 비범하고 예리하며 지적 능력도 특출한 젊은이였다. 그는 소년 시절에 새로운 사실을 배우는 것과 독서를 좋아했다. 그의 그러한 재능은 어린 시절부터 두각을 나타내기 시작해 12세 때 이미 신동으로 뽑혔다.

신동들의 라디오 프로그램이 1940년 6월에 NBC 라디오에서 처음으로 방송됐다. 매주 5세에서 16세 사이의 아이들 다섯 명이 출연했다. 아이들은 어른들을 쩔쩔매게 하는 질문에도 거침없이 대답하곤 했다. 이들은 출연료로 각각 100달러의 저축 채권을 상금으로 받았다. 각 프로그램의 출연자 중 점수가 높은 상위 세 명만이 그다음 주에 다시 출연할 수 있었다.

왓슨은 이 신동 프로그램에 세 번이나 출연했다. 그러나 네 번째에는 셰익스피어와 구약 성서 질문에 답을 하지 못해 그 프로그램에 더 이상 출연하지 못했다. 왓슨은 후에, 만약 내가 그때 그 종교적인 질문에 답을 했더라면, 아버지께서 자신을 꾸중하셨을 것이라고 회고했다.

왓슨의 여동생은 그 일에 대해 왓슨과는 다르게 말했다. 그녀는 오빠가 그 프로그램에 더 이상 출연하지 못하게 된 것은 그가 자질이 없어서가 아니라 프로그램 제작자가 기대하는 참신성이 부족했기 때문이었다고 주장했다.

왓슨은 소년 시절에 과학에 대한 흥미가 그렇게 크지는 않았다. 그는 소년 시절에 종종 아버지를 따라 시카고 주변에서 새를 관찰하러 가는 여행에 다녔다. 나중에 그는 시카고 대학교에 개설된 조류학이 그가 흥미 있는 유일한 과학 과목이라고 언급했다. 그는 친구에게 자신의 꿈은 뉴욕에 있는 미국 자연사 박물관(American Museum of Natural History)의 조류학 과장이 되는 것이라고 말했다. 1946년 여름, 왓슨은 미시간 대학교(University of Michigan)에 있는 조류학 심화 과정을 이수했다. 왓슨은 그 당시를 회상하며 조류학이 과학 활동을 하는 유일한 방법이었다고 말했다.

왓슨과 크릭의 인생에서 아주 비슷한 점 중 하나는 두 권의 책이 그들 모두의 생각과 삶의 방향을 결정하는 데 매우 큰 영향을 미쳤다는 것이다. 왓슨의 인생에 길잡이가 된 책들 중 하나는 레위스(Sinclair Lewis)의 소설 『애로우스미스(*Arrowsmith*)』였다. 애로우스미스는 어떤 미국 의사와 그의 과학에 대한 강한 열정을 다룬 이야기이다. 왓슨은 그 소설을 읽고 과학에서 위대한 발견을 할 수 있다는 가능성을 봤다고 말했다. 그는 자신이 무미건조한 학자가 아닌 과학 분야에서 유명한 사람이 돼야 한다고 생각했다.

그러면 그가 원했던 그런 명성을 얻을 수 있었던 DNA 구조의 해명이라는 과제는 어디서 찾았을까? 왓슨의 인생에 영향을 미친 두 번째 책은 바로 슈뢰딩거의『생명이란 무엇인가?』였다. 왓슨은 이 책을 통해 원자 및 분자와 생명의 특성 사이의 중요한 연결 고리는 유전자인 것을 깨달았다. 왓슨은 유전 정보가 있는 유전자의 물리, 화학적 암호를 푸는 유명한 과학자가 되기를 희망했다.

우연의 일치일지는 모르지만 주목할 만한 점은 왓슨과 크릭은 나이가 10년 이상 차이가 나고 서로 다른 대륙에 살고 있었음에도, 같은 책을 통해 서로 비슷한 길을 가고자 했다는 점이다. 1850년대에 세포는 세포에서 기원한다는 사실을 발견해 세포생물학의 아버지로 불리는 독일의 피르호(Rudolf Virchow, 1821~1902)[1] 교수가 갈파한 "책이 인물을 만든다!(Bucher machen Leute)"라는 명언이 그르지 않음을 우리는 새삼 깨닫는다.

왓슨은 먼저 하버드 대학교(Harvard University) 대학원에 지원했고 그 다음으로 캘리포니아 과학기술원(California Institute of Technology)에 지원했다. 그러나 왓슨은 두 곳 다 떨어지고 말았다. 돌이켜 보면 두 곳에서의 낙방은 왓슨에게는 새옹지마였다. 왓슨은 세 번째로 인디애나 대학교(Indiana University) 대학원에 지원했다. 왓슨은 인디애나에 지원하면서 조류학을 연구하고 싶다고 했다. 그러나 인디애나에는 조류학 연구 과정이 없었다. 그래서 그 대학원의 주임 교수는 왓슨에게 정말로 조류학을 전공하길 원한다면 다른 곳을 찾아보라고 했다. 그런데 인디애나 대학교에는 그 당시 가장 유명한 유전학자 중 한 사람인 멀러(Hermann J. Muller) 교수가 근무하고 있었다.

멀러 교수는 모건(Thomas Hunt Morgan, 1866~1945)[2]의 제자였는데 X선의 유전적 영향에 대한 연구로 1946년에 노벨 생리학·의학상을 받은 사람이었다. 그래서 왓슨은 유전자 연구에 대한 새로운 흥미가 생겼다. 그

---

1 한국동물학회 교양 총서 제2권 『세포의 발견』, 2000, 전파과학사.
2 한국유전학회 총서 제3권 『모건』, 1995, 전파과학사.

는 인디애나 대학원에 진학해 이 분야에서 박사 학위를 하면 매우 좋겠다고 생각했다. 그렇게 그는 1947년 가을에 연 900달러의 연구 장학금을 받고 인디애나 대학원에 입학했다.

왓슨은 대학원에 입학하자마자 멀러 교수를 자신의 박사 과정 지도교수로 선택했다. 그러나 왓슨은 멀러 교수가 큰 관심을 두고 연구하는 초파리는 너무 생물학적이어서 자신의 관심 분야와는 거리가 멀다는 것을 깨달았다. 즉, 초파리는 자신의 관심인 유전자의 물리적 특성에 관한 연구 재료로는 적합하지 않을 것 같았다.

그래서 그는 박테리오파지(bacteriophage) 연구자들이 수행하고 있는 연구 주제에 관심을 돌렸다. 박테리오파지는 박테리아 세포 속으로 침입해 들어가 번식해 수많은 파지를 만든 후 박테리아를 파괴하고 세포 밖으로 나온다. 1940년대 초기에 몇몇 과학자들은 파지를 연구하는 것이 유전자의 특성과 유전에 대한 분자적 정보를 얻는 데 가장 좋은 방법이라고 생각하고 있었다. 왓슨이 인디애나 대학원에 입학했을 당시 저명한 유전학자들은 바이러스 자체가 유전자의 한 형태라고 생각하고 있었다.

파지를 포함한 비이러스들은 생물과 무생물의 경계 선상에 있으며 몇 가지 생물학적 기능을 수행하는 몇 개의 커다란 분자들로 구성돼 있다.

이 분자들 중 가장 중요한 것은 핵산이다. 핵산은 생물체의 청사진인 유전 정보를 갖고 있는 유기화합물이다. 파지의 핵산은 캡시드(capsid)라고 불리는 단백질 껍질에 싸여 있는데 캡시드는 핵산을 파괴하는 효소나 다른 물질의 공격으로부터 핵산을 보호하는 역할을 한다.

박테리오파지 감염 경로

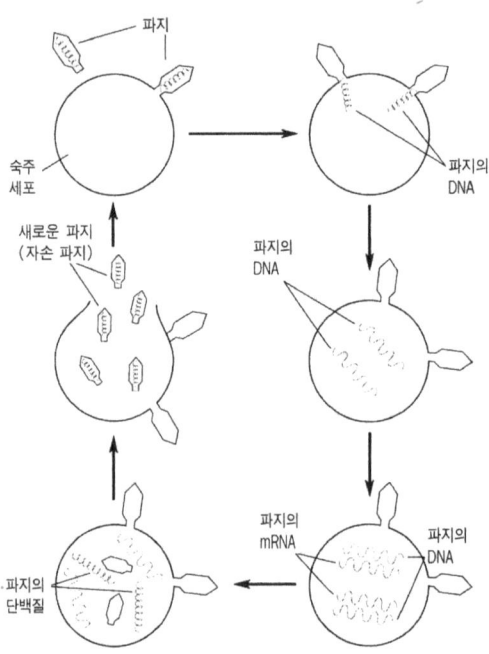

그림1 먼저, 파지가 숙주 세포의 표면에 부착한다. 그다음에는 파지의 DNA가 숙주 세포 안으로 들어간다. 파지의 DNA가 들어가게 되면 숙주의 번식 시스템이 정지되며 파지는 숙주 세포의 모든 물질을 이용해 자신의 유전자를 발현시킨다. 즉, 숙주 세포 안에서 수많은 파지의 RNA와 단백질이 만들어지고 이로부터 수많은 자손 파지가 만들어져 숙주 세포를 파괴하고 나오게 된다.

다른 바이러스들과 마찬가지로 파지도 그들 스스로는 번식할 수 없다. 이들은 숙주 세포인 박테리아에 기생해야만 생명 활동을 유지하고 번식할 수 있다. 〈그림 1〉은 파지가 박테리아에 감염된 후에 일어나는 현상을 나타낸 것이다.

1940년대 인디애나 대학교에는 박테리오파지의 연구를 선도하는 루리아(Salvador Edward Luria)와 델브뤼크(Max Delbrück)라는 두 명의 교수가 있었다. 루리아는 의학을 공부하고 1940년에 미국으로 이민 온 이탈리아인이었고, 델브뤼크는 물리학자로 1937년에 미국에 이민 온 독일인이었다.

왓슨은 델브뤼크의 명성을 익히 들어 잘 알고 있었다. 슈뢰딩거가 그의 저서 『생명이란 무엇인가?』에서 언급했던 유전자의 물리적 특성에 관한 내용은 델브뤼크의 아이디어였다. 델브뤼크의 이러한 아이디어는 덴마크의 유명한 원자 물리학자인 보어(Niels Bohr)에게 영향받은 것이다. 보어는 1932년에 한 연설에서 생물체를 구성하고 있는 분자들의 연구에 대한 환원주의자들의 논쟁을 언급했다. 그는 "만약 우리가 생물체에서 나타나는 생명 현상을 원자 수준까지 분석한다면 무생물과 생물의 특성을 거의 구별할 수 없을 것이다"라고 밝혔다.

루리아와 델브뤼크는 주변의 다른 생물학자들과 함께 미국 파지 연구회를 구성하고 있었다. 그 연구회에는 루리아와 델브뤼크 외에도 당시 파지를 연구하는 유명한 생물학자들이 포함돼 있었다. 왓슨은 인디애나 대학원에 입학한 후 바로 이 연구회의 일원이 됐다. 그리고 그는 박사 학위 논문 지도교수로 루리아를 선택했다.

인디애나에서의 3년 동안, 왓슨은 루리아가 그에게 부여한 파지 연구 과제를 수행했다. 그것은 파지 연구에서 일종의 세부 연구 과제였으나 연구 결과는 그렇게 생산적이지 못했다. 그러나 왓슨은 이 연구로 22세 때인 1950년 5월에 박사 학위를 받았다.

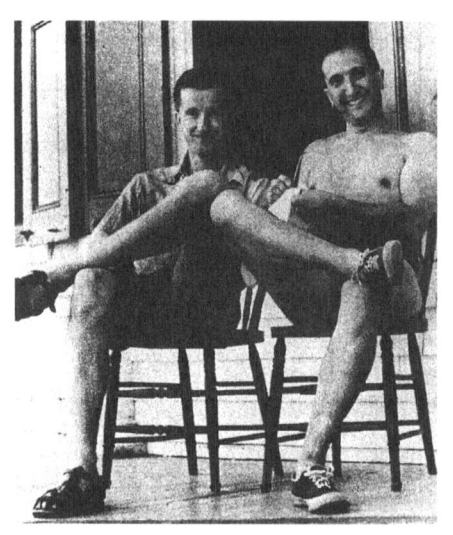

1941년 콜드 스프링 하버 생물학 연구소에서 망중한을 즐기는
델브뤼크(왼쪽, Max Delbrück, 1906~1981)와 루리아(Salvador Edward Luria, 1912~1991)

왓슨은 학위 논문 연구로 인해 파지 연구회 활동에 잘 참여하지는 못했다. 그러나 왓슨은 연구회 활동에 더 관심이 많았고 자신의 박사 학위 논문 연구보다 더 가치가 있다고 생각했다. 그는 연구회 활동 중에 처음으로 1948년에 롱 아일랜드(Long Island)에 있는 콜드 스프링 하버 생물학 연구소(Cold Spring Harbor Laboratory of Quantitative Biology)를 방문했다. 이 연구소는 전 세계의 생물학자들을 교육하고 그들에게 연구 발표와 연구 기회를 제공하는 유명한 비영리 조직이다.

콜드 스프링 하버 생물학 연구소에서 벌이는 대표적인 사업으로는 생물학 연례 심포지엄(Cold Spring Harbor Symposium for Quantitative Biology)이 있으며, 여기에는 매년 전 세계의 우수한 생물학자들이 참여하고

콜드 스프링 하버 생물학 연구소 전경

있다. 1940년대 후반과 50년대 전반에 걸쳐, 파지 연구자들은 이 심포지엄을 계기로 그들의 연구 정보를 활발하게 교환했다. 그러다 보니 이 모임은 미국 내에서 가장 흥미롭고도 활발한 토론이 이뤄지는 장으로 자리매김했는데, 왓슨은 그의 첫 참관기를 다음과 같이 술회하고 있다.

> 여름이 가면서 나는 콜드 스프링 하버가 점점 더 좋아졌다. 그곳의 아름다움과 거기에서 이뤄지는 진정한 학문적 탐구와 토론, 모두가 나를 매혹하는 대상이었다.

파지 연구회에서 나오는 연구 업적 대부분이 성공적인 것은 델브뤼크라는 위대한 학자가 있기에 가능한 것이었다. 한 연구자는 다음과 같은 말로 그에 대한 존경을 표시했다.

> 콜드 스프링 하버에서는 끊임없는 과학적 도전 정신과 토론 능

력을 배양할 수 있다. 또한 델브뤼크는 보어로부터 전수한 생명 철학을 내가 스스로 깨우치게 한 진정한 스승이었다.

콜드 스프링 하버에서의 경험은 학생들에게 선생님의 가르침보다 훨씬 많은 것을 배웠다는 만족감을 줬다. 문제점을 공략하고, 주안점을 찾아내고, 생명 철학과 이를 어떻게 받아들일 것인지 등을 스스로 터득할 수 있게 했다. 이렇게 왓슨은 생물학 박사 학위보다 더 고차원적인 것을 찾아 인디애나를 떠나게 된다.

왓슨은 델브뤼크와 루리아를 과학을 "즐거운 게임"으로 알게 한 사람들이라고 술회했다. 델브뤼크는 그에게 실험할 때 너무 말끔하고 정확한 것만 추구해서는 안 되며 오히려 "뭔가를 시사하는 너절함"이 있어야 한다고 가르쳤다. 델브뤼크는 너무나도 치밀하게 계획한 실험에서는 다음 단계로 도약할 수 있는, 예측 밖의 결과를 얻어 내기 어렵다고 경고했다.

왓슨은 루리아와 델브뤼크의 기대에 어긋나지 않는 학생으로 신임을 얻었다. 그들은 왓슨에게 실험 결과가 예상과 다를 때도 겁내지 말고 소신을 주장할 수 있는 능력을 함양시켰다. 그리고 왓슨을 격려했으며, 그에게 도움을 아끼지 않았다.

인디애나에서 왓슨의 연구가 끝나 갈 무렵, 그는 어디로 갈 것인지 생각했다. 일반적으로 박사 학위를 받은 다음에는 박사 후 과정에 남았다. 루리아, 델브뤼크, 왓슨은 왓슨의 박사 후 연구 과제로 최근에 밝혀진 핵산이라는 물질을 대상으로 유전자 문제를 새로운 각도에서 조명해 보기로 했다.

앞에서 얘기한 대로, 생물학자들은 오랫동안 단백질이 유전 정보를 간직하고 전달해 주는 물질이라고 생각해 왔다. 그러던 중 핵산이라는 다른 물질이 유전 정보의 역할을 담당한다는 여러 증거가 제시됐다.

핵산은 1868년 스위스의 생화학자 미셔(Johannes Friedrich Miescher, 1844~1895)[3]가 처음 발견했다. 미셔는 원래 이 물질을 세포의 중앙부인 핵에서 발견했다고 하여 뉴클레인(Nuclein)이라고 명명했는데 후에 핵산이란 이름으로 불렸다. 이제 핵산은 핵뿐만 아니라 세포의 다른 부분에서도 발견되는 것까지 통칭하는 용어이다. 핵산에는 DNA와 RNA 두 가지 종류가 있다.

미셔가 핵산을 발견하자 이 물질이 바로 유전 물질일 가능성이 있다는 주장이 제기됐다. 독일의 동물학자 헤르트비히(Oscar Hertwig, 1849~1922)는 1884년 "뉴클레인은 수정과 연관 있을 뿐만 아니라 유전 형질의 전달에도 관련이 있는 물질"이라고 주장했다.

그런데 문제는 핵산이 유전 정보를 전달할 만큼 다양하지 않다는 점이었다. 핵산은 단백질보다 훨씬 단순했다. 단백질은 20가지의 서로 다른 아미노산의 복합체이다. 20가지의 아미노산으로 조합한 서로 다른 단백질 분자의 종류는 상상을 초월할 만큼 다양하다. 그러나 핵산은 아주 단순한 물질로서 당, 인산, 그리고 염기로 구성될 뿐이다.

1900년대 초반에 러시아계 미국 생화학자 레빈(Phoebus Aaron Lev-

---

3 한국유전학회 총서 제7권 『DNA 연구의 선구자들』, 2000, 전파과학사.

레빈(Phoebus Aaron Levene, 1869~1940) (역자 첨가 자료)

ene, 1869~1940)이 제안한 핵산의 분자 모델이 통용되고 있었다. 레빈은 핵산은 당과 인산이 결합한 분자가 계속 연결된 것으로 당에는 염기가 부착돼 있다고 주장했다. 그는 염기가 아주 단순하게 1-2-3-4-1-2-3-4의 식으로 배열돼 있다고 생각했다. 이 모델이 이른바 핵산 구조에서의 4뉴클레오티드 가설(tetranucleotide hypothesis)이다.

이 가설이 맞는다면 핵산은 별 볼 일 없는 거대 분자일 뿐 다양한 형태로 존재하지 않기 때문에, 다양한 유전 정보를 전달할 수 있다고 보기 어려웠다. 과학자들은 핵산을 단순한 "침묵"의 분자로 생각해 버렸다.

그러나 뭔가 주목해야만 할 실험적 증거가 이미 있었다. 과학사학자인 그리빈(John Gribbin)에 의하면, 1890년대에 연어 정자를 사용한 실험에서 최소한 연어에서만큼은 "유전 정보의 전달이 DNA에 의해 이뤄질 수

밖에 없음"이 입증됐다고 한다.

아마도 DNA의 유전적 역할을 밝혀 준 가장 중요한 실험은 1944년에 미국의 에이버리(Oswald T. Avery, 1877~1955), 맥레오드(Colin M. MacLeod, 1909~1972), 매카티(Maclyn Mccarty, 1911~2005)가 수행한 것이리라. 그들은 박테리아의 특정한 형질을 결정짓는 요인이 DNA임을 입증했다. DNA를 바꾸면 다른 형질의 박테리아로 바꿀 수 있음을 입증한 것이다. 그들은 유전에 있어 핵산이 얼마나 중요한 것인지 밝혔다. 그러나 생물학자들도 보수적인 경향성이 있어, 에이버리 등의 실험은 별로 주목받지 못했다. 1950년까지도 대부분 과학자들은 아직도 핵산이 아닌 단백질이 유전자의 본체일 것으로 생각하고 있었다.

그러나 최소한 두 사람만큼은 이 생각에 동조하지 않고 있었다. 그들이 바로 왓슨과 크릭이었으며 그들은 DNA가 유전을 담당하는 물질이라고 믿고 있었다. 그들은 DNA의 물리·화학적 구조를 확실히 알아내는 것이 유전자의 본체를 해명하는 지름길이라고 생각했다. 그러나 왓슨에게는 큰 문제가 있었는데 바로 화학적 지식이 매우 빈약하다는 것이었다. 그는 화학을 매우 싫어해서 학부 때부디 요리조리 피해 다녔다. 인디애나에서 그는 화학 실험실에 있는 것 자체를 위험하다고 생각했으며 가연성 액체를 가열하는 실험은 위험하므로 차라리 몰라도 된다고 여겼다.

그러나 이제 왓슨은 유전자의 구조를 연구하기 위해 생화학 공부를 하지 않을 수 없는 처지가 됐다. 결국 루리아가 왓슨에게 덴마크 코펜하겐 대학교(University of Copenhagen)의 생화학자 칼카르(Herman Kalckar)

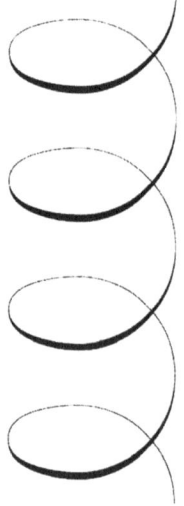

그림 2 폴링이 발견한 단백질의 나선 구조

교수의 연구실에서 박사 후 과정을 시작할 수 있도록 주선했다. 칼카르는 1945년 콜드 스프링 하버의 파지 연구회 출신으로 파지와 핵산을 연구하고 있었다.

루리아는 왓슨에게 1년간 미 국립연구재단(National Research Council)에서 연구 지원금을 받도록 주선해 주기도 했다. 이는 연간 3,000불의 지원금으로 연장 지원까지 가능했다. 1950년 가을, 왓슨은 덴마크로 떠났다.

왓슨은 코펜하겐 생활에 매우 실망했다. 그는 이 시기를 "완전한 실패"

라고 술회했다. 일단 그는 덴마크의 기후가 싫었고, 일도 재미없고 핀트가 안 맞았으며, 인디애나와 파지 연구회에서 경험했던 지적 친밀감도 상실해 버렸다. 또한 칼카르는 가정적으로 문제가 있는 사람이었으며 왓슨에게 전혀 학문적 영감을 불어넣어 주지 못했다.

한 해를 마무리하면서, 왓슨은 변화를 도모했다. 이때 두 가지 사건이 그의 행로를 결정하는 계기가 됐다. 첫째는 나폴리에서 열린 학회에서 윌킨스(Maurice Wilkins)를 만난 것이었다. 윌킨스는 X선 회절 학자로 런던대학교 킹스 칼리지(University of London King's College)에서 랜달(Sir J. T. Randall) 교수와 함께 연구하고 있었다.

윌킨스의 강연 내용 중 DNA 분자에 대한 X선 회절 사진 몇 장이 있었는데 왓슨은 그 사진에 확 매료되고 말았다. 바로 여기에 유전자를 이해하는 데 필요한 물리, 화학적 증거가 들어 있었다. 유전자가 입자화된 것이라면, 다른 화학 물질들처럼 유전 물질 역시 화학적 방법과 물리학적 방법으로 연구할 수 있을 것 같았다. 왓슨은 갑자기 화학에 대한 흥미가 용솟음치는 것을 주체할 수 없었다.

왓슨은 윌킨스의 업직을 좀 더 알고 싶었다. 그는 여동생 엘리자베스(Elizabeth Watson)를 윌킨스에게 소개해 그들을 친해지게 만들기로 결심했다. 두 사람이 친해지면 왓슨도 윌킨스와 친구가 돼 그가 한 일을 더 많이 배울 수 있겠다고 생각한 것이다. 그러나 그의 작전은 실패했고, 윌킨스는 나폴리를 그냥 떠나 버려 왓슨은 아무 소득도 올리지 못했다.

두 번째 사건은 며칠 후에 일어났다. 왓슨은 캘리포니아 과학기술원의 폴링(Linus Pauling) 교수가 단백질의 3차 구조를 밝혀냈다는 소식을 들었다. 폴링은 단백질의 원자들이 나선 구조로 배열돼 있다고 주장했다. 나선 구조란 신축성 있는 스프링처럼 나선형으로 꼬여 있는 상태를 말하는데, 원자들이 바로 이 나선형 코일 안에 배열돼 있다는 것이다.

폴링은 근대 화학의 거두로 왓슨은 인디애나 시절부터 그를 존경해 왔었다. 왓슨은 윌킨스의 DNA X선 사진을 본 지 며칠도 안 돼, 단백질 구조에 대한 폴링의 기막힌 발견을 접한 것이다.

왓슨은 자기가 X선 회절을 꼭 공부해야만 한다고 믿었다. 케임브리지에서 페루츠의 연구 결과를 접하고, 왓슨은 지도교수 루리아에게 부탁 편지를 썼다.

자신의 연구 지원금을 케임브리지의 캐번디시 연구소에서 쓸 수 있게 해 달라고……. 자기의 바람대로 되리라 믿은 왓슨은 1951년 가을 코펜하겐을 떠났다. 케임브리지에 도착하자마자 왓슨은 곧바로 페루츠의 연구실을 찾아갔다. 그때부터 그의 생애 가장 기념비적인 2년의 세월이 시작됐다.

제3장

혁명적 연구의 시작

가장 뛰어난 극작가가 쓴 드라마보다 더욱 극적인 사건이 캐번디시 연구소에서 일어났다. 이 극적인 사건의 주인공은 바로 왓슨과 크릭이었다. 이들은 각자가 뛰어났을 뿐만 아니라 서로를 보완하며 연구하는 사람들이었다.

크릭은 영국인으로서 35세에 박사 학위를 받기 위해 연구를 시작한 만학도였고, 그에 반해 왓슨은 크릭보다 12살이나 어렸으며 약관 22세에 박사 학위를 받았다. 크릭을 아는 사람들과 전기 작가들의 표현을 빌리면 그는 건방지나 열정적이고 머리가 매우 총명한 괴짜였다. 그는 평소 행동할 때는 남을 의식하지 않고 껄껄 웃고, 거칠고 시끄럽게 말하며 재치 없고 성격도 조급했다. 하지만 창의적 개념을 이끌어 내는 데는 재능이 뛰어났다. 당시의 왓슨은 23세의 청년으로서 게으르고 인내심도 없고 항상 여자와 명예를 꿈꾸는 건방진 독설가였다.

이 두 사람은 자신들의 전공 분야에 대한 과학적인 지식이 깊지 않았다. 크릭은 물리학자로서, 왓슨은 유전학자로서 DNA 분자를 연구했다. 그들이 연구하고자 하는 DNA 결정체에 대해서는 그들보다 먼저 화학적으로나 물리학적으로 분석한 선행 연구 결과가 거의 없었다. 그들은 DNA 분자를 화학적·물리학적으로 분석하는 연구에 필요한 많은 사항을 알아서 깨우쳐야 했다. 그들은 각자 과학적 배경이 서로 달라 어떤 경우에는 문제를 더욱 어렵게 만들기도 했으나 어떤 면에서는 오히려 새롭고 신선한 방법을 찾았다.

이들이 성공적인 연구를 할 수 있었던 이유는 따로 있었다. 바로 각자

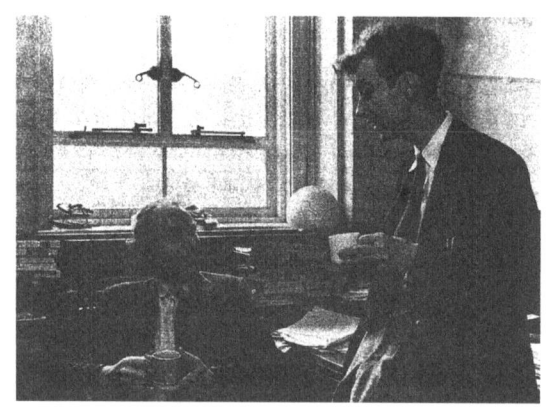

캐번디시 연구소에서 커피를 마시며 담소하고 있는
왓슨(오른쪽, James D. Watson, 1928~)과 크릭(Francis Crick, 1916~2004)

가진 개성이나 전문적인 전공 지식보다 같은 생각을 공유하고 있었기 때문이다. 즉 이들은 DNA 구조가 생물학에서는 기본이 되는 문제라고 확신했다. 왓슨과 크릭은 몇 명의 과학자들이 DNA 구조를 밝히는 데 근접해 있다는 사실을 알고 있었다. 그리고 이들은 DNA 분자의 수수께끼를 푸는 방법은 DNA 분자 구조 모형 만들기라고 생각했다.

1951년 10월, 왓슨과 크릭이 처음으로 만났을 때였다. 그들은 자신들만이 DNA 구조와 유전자 및 유전의 관계에 대해서 생각하고 있음을 서로 깨달았다. 크릭은 그때 왓슨이 자신과 같은 견해를 가진 것이 충격적이었다고 말했다.

왓슨은 "단백질보다 DNA가 더 중요하다는 사실을 아는 사람을 캐번디시 연구소에서 만났다는 사실이 진정 행운이었다"라고 당시를 회상했다. 그리고 그는 "나는 처음부터 오랫동안 케임브리지에 머물러야 한다는 것을 깨달았다. 왜냐하면 크릭과 토론하는 것이 너무 재미있었기 때문이다. 떠나는 것은 바보 같은 짓이었다"라고 회상했다.

겉으로 보기에 서로 다른 천재성을 지닌 두 사람이 만났기 때문에 "그들이 서로의 지적 이끌림에 빠져들 수밖에 없었을 것이다"라고 한 작가는 말했다.

또 다른 작가는 왓슨과 크릭 사이의 관계를 지적인 "사랑"의 관계라고 표현했다.

> 그들이 지적 충만감과 기대를 얻기 전, 이미 그들 사이에는 아주 특별한 정신적 상호 작용과 교감이 이뤄졌다. 왓슨과 크릭은 자세하게 말하지 않았다. 다시 말하면 그들은 말없이도 서로를 이해했다. 두 사람의 마음 사이에는 신비로운 공명 연상이 일어났다. 이들은 하나 더하기 하나가 둘이 되는 것이 아니라 열 이상의 효과를 얻을 수 있었다.

1951년 가을이 깊어 갈 즈음, 과학사에서 가장 중요한 대화가 시작됐다. 왓슨과 크릭은 연구소 주변의 작은 카페인 이글(Eagle)에서 매일 함께 점심을 먹었다. 마침내 그들은 그들만의 연구실을 배정받았다. 그래서 다른 과학자들에게 방해받지 않고 둘이서만 이야기할 수 있게 됐다.

이들 이야기의 초점은 그들 자신이 알고자 하는 과제에 집중됐다. 그들은 DNA 분자 구조가 어떤 상태가 돼야 하는지 정확하게 이해해야만 했다. 그들은 DNA 구조를 밝히는 과제에 대해 당시 세계에서 가장 훌륭한 생화학자인 폴링과 경쟁하게 되리라고 생각했다. 그리고 그들은 이 경쟁에서 폴링을 이기는 최상의 방법은 그의 모형 제작 방법을 사용하는 것이라고 판단했다.

분자 구조의 모형을 제작하는 기술은 1950년대 당시 생물학자들에게는 거의 알려지지 않았었다. 폴링은 그 복잡한 분자 구조를 분석하는 데 강력한 도구가 모형 제작이라고 설명했다. 조립장난감처럼 제작한 모형(tinker-toy-like model)은 과학자들이 분자 안에서 원자들이 어떻게 위치하는지 정확하게 알 수 있게 했다. 이 조립장난감 모형 속 원자들을 그 분자에 대해 실험적으로 알려진 데이터에 맞을 때까지 여러 방법으로 위치를 움직여 맞출 수 있다.

결정체의 X선 사진은 모형을 만드는 데 중요한 열쇠가 되었다. 이 결정체의 X선 사진에서 과학자들은 원자들 간의 거리를 측정할 수 있고 원자들이 서로 결합해 있는 각도도 알아낼 수 있다. 또한 원자들이 서로 어떻게 모여 있는지와 그 외의 여러 가지 사실들을 알 수 있다.

그렇지만 거대 분자의 X선 사진은 항상 두 가지 문제점이 있다. 첫째, 거대 분자의 좋은 X선 사진을 얻기 힘들다는 점이다. 단백질이나 핵산 분자처럼 거대하고 복잡한 분자는 특히 그렇다. 둘째, 하나의 X선 사진이 하나 이상의 여러 가지로 해석될 수 있다는 점이다. 이 문제는 조립장난감 모형과 같은 방법으로 X선 사진에 나타난 거대 분자의 정확한 구조를 이해해야만 해결할 수 있다.

DNA 분자의 조성

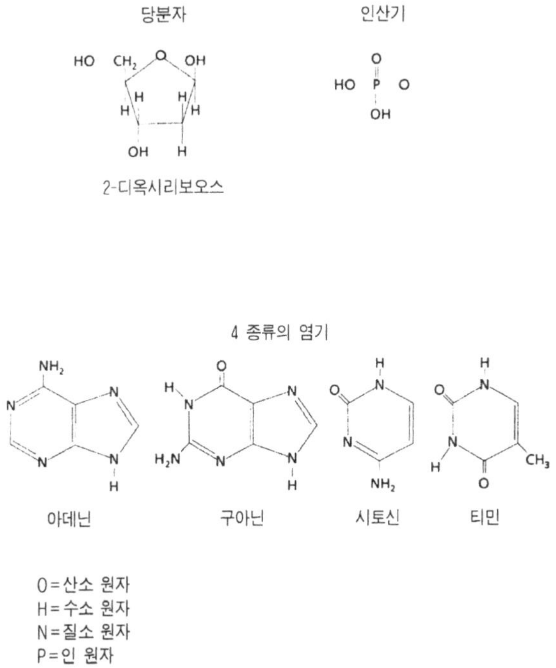

당분자: 2-디옥시리보오스

인산기

4 종류의 염기: 아데닌, 구아닌, 시토신, 티민

O = 산소 원자
H = 수소 원자
N = 질소 원자
P = 인 원자

그림 3 DNA를 구성하고 있는 분자들

왓슨과 크릭은 DNA 모형을 제작하는 데 필요한 충분한 양의 데이터를 갖고 있었다. 첫째, 그들은 DNA가 세 종류의 분자, 즉 당, 인산, 염기로 구성돼 있으며 염기는 4가지의 질소 화합물임을 알고 있었다. 이 세 분자의 구조식은 〈그림 3〉과 같다.

둘째, 화학자들은 이미 DNA 분자 내에서 이들 세 분자가 어떻게 결합해 있는지 알고 있었다. 한 분자의 당과 한 분자의 인산 및 한 분자의 질소 염기의 조합을 뉴클레오티드라고 하는데, 그 구조는 〈그림 4〉와 같다.

셋째, DNA 분자는 〈그림 5〉와 같이 수많은 뉴클레오티드가 연결된 긴 사슬로 이뤄져 있다. 마치 벽돌이 모여 담장을 이루듯이 뉴클레오티드가 결합해 DNA를 이룬다. 따라서 DNA 사슬에 있는 염기와 각각의 당 분자는 한 종류의 질소 염기와 인산기를 가진다. DNA 사슬은 많은 뉴클레오티드들이 서로 연결돼 있기에 폴리뉴클레오티드(polynucleotide)라고도 부른다.

마지막으로, DNA 분자는 헬릭스라고 불리는 나선 형태로 존재할 것으로 생각했다. 〈그림 2〉에서는 헬릭스의 형태를 보여 준다. DNA 헬릭스는 뉴클레오티드 사이의 당-인산 결합으로 사슬이 만들어지고 이 사슬에 질소 염기가 붙어 있다.

DNA 분자에 대해서는 이미 많은 사실이 알려져 있었다.

그러면 이제 새로이 밝혀야 할 것은 무엇인가? 왓슨과 크릭이 풀어야 할 수수께끼에 관한 정보는 DNA의 X선 사진에 전부 자세히 들어 있었다. 예를 들면, DNA 분자는 한 개의 나선으로 구성됐는가, 아니면 2개나 3개 또는 4개의 나선으로 이뤄졌는가? 질소 염기는 나선의 바깥쪽에 붙어 있는가, 또는 안쪽으로 향해 있는가? DNA 나선은 어느 정도로 감겨 있는가? 나선 사이의 간격은 얼마나 되는가? 등과 같은 문제를 해결할 수 있는 모든 정보가 바로 X선 사진 안에 들어 있었다.

DNA 구조를 연구할 때 왓슨과 크릭은 어려운 점이 많았다. 이 연구는 런던에 있는 킹스 칼리지에서 이미 진행되고 있었으므로 왓슨과 크릭이

뉴클레오티드의 구조

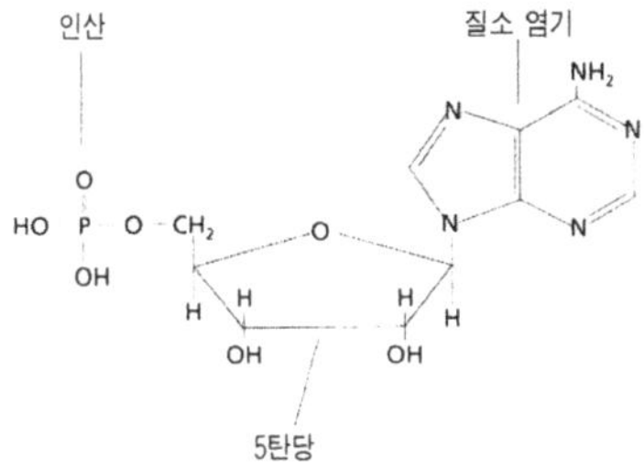

그림 4 뉴클레오티드의 분자 구조

뉴클레오티드 사슬

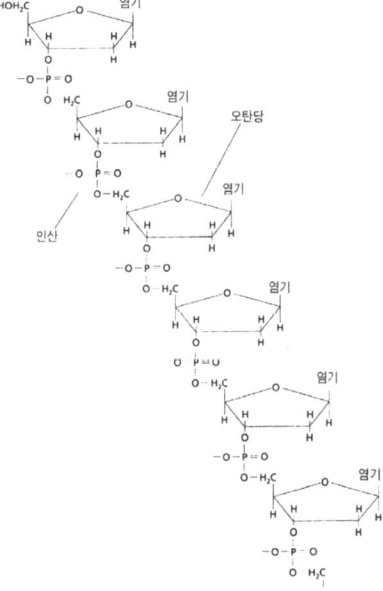

그림 5 뉴클레오티드 사슬의 구조

제3장 혁명적 연구의 시작 | 61

캐번디시 연구소에서 이 연구를 위해 상사에게 공식적인 허가를 받기란 매우 어려웠다. 킹스 칼리지의 과학자들은 이미 이 연구에 우선권을 갖고 있었으므로 캐번디시 연구소의 누구도 이 연구 과제에 끼어들 틈이 없었다. 이 문제는 크릭에게는 더욱 심각했는데 왜냐하면 킹스 칼리지의 연구가 그의 친한 친구인 윌킨스의 주도 아래 수행되고 있었기 때문이었다.

더욱 현실적인 문제는 연구비가 부족하다는 점이었다. DNA 구조에 관한 연구를 킹스 칼리지와 캐번디시 연구소 두 기관에서 중복으로 수행하면 정부에서 재정 지원을 받기가 어려웠다.

이외에도 캐번디시 연구소에서 왓슨과 크릭은 각각 해야 할 나름의 연구가 있었다. 크릭은 자신의 박사 학위를 연구하고 있었고 왓슨은 켄드루의 지도하에 바이러스를 연구하고 있었다.

사실 왓슨과 크릭은 DNA 외에는 아무것도 관심 없었다. 그들은 이 매혹적인 분자의 구조를 알기 위해 즉시 행동을 개시했다. 그래서 최초의 DNA 모형이 일주일도 되기 전에 완성됐다. 물론 이 모형을 제작하는 동안 많은 토론과 의견 교환이 있었지만, 처음 시도서부터 마지막 모형이 완성되기까지 걸린 시간은 매우 짧았다.

이렇게 진전이 빨랐던 이유는 왓슨이 윌킨스 연구실의 연구원이었던 X선 결정학자인 프랭클린(Rosalind Franklin)의 특강을 들었기 때문이었다. 왓슨은 1951년 11월 21일 런던의 킹스 칼리지에서 있었던 프랭클린의 특강에 참석했다.

프랭클린 특강의 중요한 내용은 강의하기 3주 전에 제출한 보고서

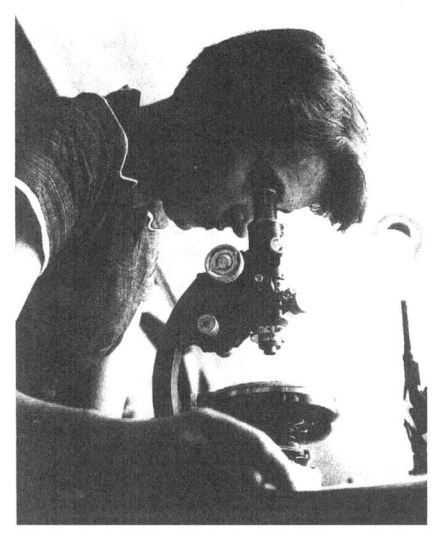

프랭클린(Rosalind Franklin, 1921~1958)

와 강의하기 위해 손으로 쓴 노트에 잘 보존돼 있다. 그녀는 DNA 나선이 〈그림 6〉과 같이 원통 구조라고 생각했는데 그녀가 제안한 원통 구조는 원통의 축을 중심으로 뉴클레오티드 사슬이 감긴 형태였다. 그런데 프랭클린이 제안한 DNA의 원통 구조는 DNA 사슬이 몇 개인지 불확실했다.

그녀는 한 걸음 더 나아가 이 사슬의 당-인산 결합 구조는 원통 구조의 바깥쪽에 있고 질소 염기는 안쪽에 있다고 주장했다. 그리고 인접한 DNA 사슬은 금속 결합으로 서로 매달려 있다고 주장했다. 〈그림 6〉을 보면 각각의 원통 구조가 점선으로 연결돼 있고, 이 점선은 Na^+로 표시된 금속 이온 결합이다.

프랭클린이 제시한 DNA 모형

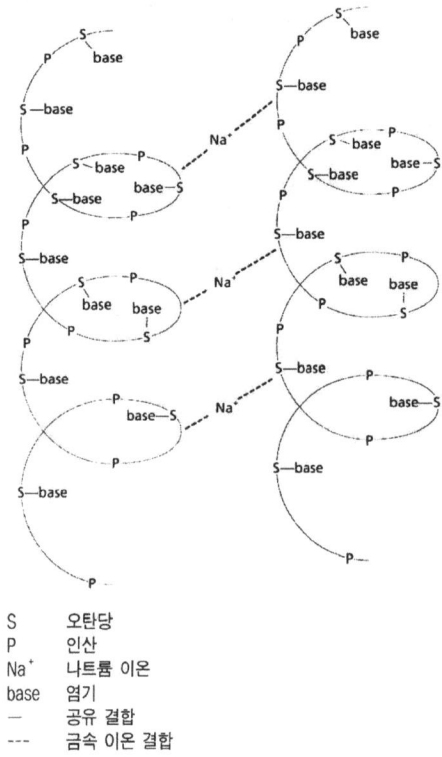

S   오탄당
P   인산
Na⁺ 나트륨 이온
base 염기
—   공유 결합
--- 금속 이온 결합

그림 6 1951년 프랭클린이 한 특강에서 제시한 DNA 분자의 모형, 프랭클린(Rosalind Franklin, 1921~1958)

프랭클린은 자신의 제안이 단지 시작에 불과하다는 점을 분명히 했다. 그리고 그녀는 더 나은 DNA 샘플을 준비해 더욱 선명한 사진을 얻으면 자신의 처음 모형은 바뀔 수 있다고 말했다. 이것이 프랭클린의 스타일이었다. 그녀는 연구 결과를 발표하는 데 매우 조심스러웠고 보수적이었다. 그래서 이 분자가 가능한 모형에 대해 더 나은 해석과 더 강력한 증거를 얻을 때까지 기다려야 했다.

왓슨은 항상 그랬듯이 프랭클린이 발표하는 동안 자신의 기억력을 믿고 중요한 요점들을 받아 적지 않았다. 하지만 이번만은 그의 기억력이 신통치 않았다. 나중에 왓슨이 설명하기로는 그 당시 자신이 X선 결정학에 대해 너무 몰랐기 때문에 프랭클린이 발표했던 내용을 전부 이해하지 못했다고 술회했다. 더욱 큰 문제는 그가 기억했던 몇 가지 사실도 잘못 기억했다는 것이다. 가장 잘못 기억한 내용은 DNA 분자에 붙어 있는 물 분자의 수량에 관한 것이었다. 프랭클린이 추측한 바로는 DNA의 구성 요소인 각각의 뉴클레오티드를 대략 여덟 개의 물 분자가 둘러싸고 있다고 했다. 하지만 왓슨은 이것을 잘못 이해했다. 몇 개의 뉴클레오티드가 만드는 DNA 조각에 존재하는 물 분자 수가 여덟 개라고 생각했다. 따라서 왓슨이 기억한 물 분자 수는 훨씬 적은 수였다.

왓슨의 실수는 금방 들통나고 말았다. 다음 날 아침 왓슨은 크릭과 함께 런던에서 옥스퍼드까지 기차를 타고 여행했다. 이때 왓슨은 크릭에게 프랭클린의 강의에서 들은 바를 전해주는데 잘못 기억한 부분도 함께 이야기했다. 크릭은 왓슨이 강의 내용을 노트에 적지 않은 데 실망했고 왓슨이 잘못된 정보를 제공해 줄 수도 있다고 생각했다. 하지만 왓슨이 제공해 준 최신 정보를 토대로 이에 맞는 DNA 모델을 그려 보고 싶었다. 얼마 지나지 않아서 크릭은 왓슨에게 가능한 분자 모델은 몇 개 되지 않는다는 사실을 알렸다. 이러한 모델을 만들려면 두 가지 중요한 결정을 내려야 했다. 한 가지는 DNA 분자가 몇 가닥으로 이뤄졌을지 결정하는 것이고, 다른 하나는 당과 염기로 이뤄진 가닥에서 질소 염기의 위치가 안쪽인지 바깥쪽인지 결정하는 것이었다. 하지만 크릭은 이 문제들은 쉽게 해결될 것이라고 낙관하고 있었다. 왓슨이 회고한 바에 의하면 이렇다.

우리가 한 시간 반 동안 기차를 타고 올 때, 크릭은 곧 해답을 얻을 수 있으리라 낙관했다. 아마도 일주일 동안 분자 모델을 가지고 이렇게 저렇게 해 보면 반드시 해답이 나오리라고 생각했을 것이다. 그렇게 되면 DNA의 분자 구조를 발견해서 폴링처럼 세계에 이 역사적인 발견을 알리게 되리라 믿었다.

나흘 후에 왓슨과 크릭은 실험실에서 크릭이 생각한 모델을 만들고 있었다. 그들은 분자 모형을 이용해서 만들고 있었는데 이 모형들은 단백질을 위한 모형들이라 핵산을 만들기에는 적당하지 않았다. 원자들이 모델에서 떨어지다 보니 빨리 완성하기 힘들었다. 그들이 처음 만든 모델은 두 개의 뉴클레오티드 가닥이 서로를 휘감는 모델이었다. 하지만 왓슨이 프랭클린의 강의에서 잘못 기억한 정보대로는 모델을 만들 수가 없었다. 반면에 세 가닥으로 된 모델은 좀 더 나은 것 같았다. 하지만 그들은 약간의 원자들이 잘 맞지 않아서 걱정스러웠다. 하지만 이 일은 시작에 불과했고 조금만 더 해 보면 그럴듯한 결과를 얻을 수 있으리라 생각했다. 이 일을 시작한 지 만 하루 만에 그들은 자신 있는 모델을 만드는 데 성공했다. 이것은 세 가닥으로 된 모델로서 당-인산 축이 안으로 향하고 질소 염기가 밖으로 향하는 것이었다. 가장 중요한 실수는 이 모델이 왓슨이 잘못 생각한 프랭클린의 정보에 맞게 만들어졌다는 점이었다. 다음 날 그들은 동료들과 윌킨스, 그리고 프랭클린을 초대해 이 모델을 보여 줬다.

하지만 망신스럽고 분하게도 프랭클린이 곧바로 이 모델의 잘못된 점을 지적했다. 그것은 왓슨이 프랭클린의 발표 결과를 잘못 기억해서 생긴 오류였다. 프랭클린은 왓슨과 크릭이 만든 모델은 자신이 지난 11월에 발표한 결과보다 훨씬 적은 수의 물 분자를 지녔다고 지적했다. 따라서 이 모델은 자신이 얻은 실험 결과와 전혀 일치하지 않는다고 반박했다. 왓슨이 기억하기로는 "DNA가 나선으로 돼 있다는 증거는 아무것도 없다"라고 그녀가 말했었다고 한다.

하지만 여기서 왓슨의 말은 정확하지 못한 것 같다. 왜냐하면 프랭클린이 1951년 11월에 DNA에 대해 강연한 것과 1952년 2월에 적힌 그녀의 노트를 보면 DNA가 나선일 수도 있다는 점을 인정하고 있다. 하지만 그녀는 아직 모델 만들기에는 너무 이르고 먼저 실험을 더 해야 한다고 생각하고 있었다.

이처럼 윌킨스와 프랭클린은 왓슨과 크릭과는 다른 견해를 가지고 있었다. 윌킨스와 프랭클린은 DNA 구조를 알아내기 위해서는 DNA의 실험적 결과를 최대한 많이 얻어야 하고, 이를 가지고 분자 구조에 대해 논의해야 한다는 관점이었다. 반면에 왓슨과 크릭은 문제를 다른 견지에서 풀고자 했다. 분자 모델을 만들 수 있을 때부터 모델을 만들어 실험적 결과와 비교해 보고 또다시 모델을 만들어 고쳐 보자는 것이었다. 어쨌든 왓슨과 크릭은 그들의 첫 번째 모델을 만드는 시도에서 실패했다. 왓슨이 잘못 기억한 물 분자 수 때문에 그들은 보기 좋게 한 방 얻어맞은 격이 됐다. 그럴듯한 모델을 만들어 보려는 야심 찬 희망에서부터 실패까지를 일주일 만에 경험한 것이었다.

1951년 11월에 일어난 이 실패는 DNA 문제를 해결하려는 왓슨과 크릭의 노력에 찬물을 끼얹고 말았다. 연구소 소장인 브래그 경은 이 일로 불쾌해졌고 두 사람에게 이와 관련된 일을 중지하도록 지시했다. 윌킨스와 프랭클린이 있는 킹스 칼리지에서 이미 오래전부터 해 오던 일이므로 킹스 칼리지에서 주도하는 것이 학문 윤리상 옳은 일이라고 브래그는 지적했다. 그래서 왓슨과 크릭에게 모델로 만든 모형을 윌킨스에게 주라고 지시했다. 하지만 윌킨스는 모형을 원하지도 않았고 모델을 만들 생각도 없었다. 프랭클린처럼 윌킨스도 모델을 만드는 것보다는 실험을 통해 많은 자료를 얻는 데 충실했기 때문이었다.

브래그는 또 왓슨과 크릭에게 캐번디시 연구소에서 주어진 자신들 연구에 충실히 임하라고 충고했다. 사실 DNA는 왓슨과 크릭 본연의 연구가 아니었다. 크릭은 박사 학위 연구 논문을 끝내야 하는데 그 일은 단백질의 X선 회절을 다루는 것이었다. 하지만 크릭은 이 일에 전혀 흥미가 없었고, 단지 학위를 받기 위해 할 수 없이 해야 하는 과제로 생각했다. 실제로 크릭은 캐번디시에 온 이후로 자신의 과제는 미뤄 놓고 남의 일에 더 많은 관

미오글로빈 분자 구조를 밝힌 켄드루(John C. Kendrew, 1917~1997)와 미오글로빈 분자 모델

심을 돌리고 있었다.

한편, 왓슨도 따로 주어진 일이 있었다. 그의 장학금 지급 조건은 마크햄(Roy Markham) 교수와 함께 식물 바이러스를 연구하는 것이었다. 그가 또 해야 할 일은 켄드루(John C. Kendrew)를 도와서 단백질 결정을 만드는 것이었다.

처음 만든 모델이 실패하자 내키지 않는 마음으로 각자의 연구로 돌아갔다. 하지만 두 사람 모두 첫사랑에 대한 연민의 정처럼 DNA에 대한 미련을 버릴 수 없었다. 실험실에서 모델 만드는 일을 더 이상 할 수는 없었지만 그들은 DNA 분자 구조를 밝히기 위해 읽고 생각하고 토론했다. 상사에게 눈총받더라도 이들에게 DNA는 숨겨 놓은 보물단지 같았다.

왓슨과 크릭에게도 다른 생활의 일면이 있었다. 진부한 표현이지만 종종 사람들은 과학자가 흰 실험복을 입고, 종일 비커나 현미경과 씨름한다고 생각하기 쉽다. 크릭의 가정생활은 이후에 왓슨이 쓴 『이중 나선』에서 잠시 엿볼 수 있다. 왓슨은 크릭이 살던 집에 대해 "700년 된 오래된 건물의 꼭대기 층에 있는 작고 검소한 연립주택"이라고 썼다. 그 집은 작았지만, 크릭의 부인인 오딜(Odile Crick)이 정겨운 분위기로 꾸며 놓았다. 왓슨은 또 그가 영국인의 지적 삶의 생동감을 처음 느낀 것도 크릭 집안이라고 썼다.

오딜은 크릭의 두 번째 부인이었다. 그가 처음 결혼했던 때는 1940년이었으며 첫째 부인인 도드(Doreen Dodd)와는 1947년에 헤어졌다. 첫 번째 결혼에서 마이클(Michael)이 1940년 11월 25일에 태어났는데 당시는 영국이 나치 독일의 공습을 받던 중이었다. 크릭은 1949년에 두 번째 부인인 오딜(Odile Speed)과 결혼해 가브리엘(Gabrielle)과 재클린(Jacqueline)을 낳았다.

크릭이 살던 집을 왓슨이 좋게 느꼈던 이유는, 자신이 살았던 케임브리지 아파트와는 너무도 대조적이기 때문이었다. 그는 케임브리지에 도착해 처음 방을 빌린 곳에서 한 달밖에 살지 못했다. 왓슨은 밤 9시 이후에 신발 소리를 요란하게 내면서 들어가고, 밤늦게 화장실 변기 물을 내리고, 밤 10시 이후에 외출해 집주인의 눈 밖에 났다. 케임브리지에는 밤에 문 연 가게나 음식점이 거의 없었기에 밤늦게 외출하면 수상해 보였다. 결국 왓슨은 집주인 아주머니에게 쫓겨나서 켄드루와 같은 집에서 지내게 된다. 켄드루는 페루츠 박사 연구 그룹의 일원이었다. 켄드루 부부가 왓슨에

1952년 8월 이태리 알프스에서 휴가를 즐기고 있는 왓슨

게 내어준 방은 매우 습해서 잘못하면 폐결핵에 걸리기 딱 좋은 환경이었다. 하지만 왓슨은 그나마 그 집에서 살게 된 데 기뻐했다. 왓슨이 더 좋은 집을 찾지 못한 이유는 미 국립연구재단에서 장학금을 연장해 주지 않겠다고 했기 때문이었다. 왓슨이 케임브리지에 있는 페루츠 교수의 연구실로 옮기면서 자신의 장학금을 이곳 케임브리지로 옮겨 달라고 요청했으나 거절당했다. 미 국립연구재단 신임 이사장은 왓슨이 X선 결정학 연구 경력이 없다고 판단했다. 물론 일리가 있는 판단이었다. 왓슨의 장학금을 중단하겠다는 결정은 그 당시 이 분야에 관심 없었던 사람들에게는 당연한 일이었다. 하지만 왓슨은 이미 케임브리지에 와 있었고 이미 이 연구에 깊숙이 관여하고 있었다. 더욱이 미 국립연구재단에서는 왓슨이 덴마크를 떠나고자 했을 때 왓슨에게 '코펜하겐을 굳이 떠나고 싶다면 스톡홀름에 있는 카스페르손(Torbjörn Caspersson) 박사의 생화학 연구실로 가라'

제3장 혁명적 연구의 시작 | 71

고 조언했음에도 왓슨은 끝내 케임브리지를 택했다.

결국 이 일은 약간의 예외적인 조항을 도입해서 해결됐다. 왓슨은 케임브리지 생물학 연구소인 몰테노 연구소(Molteno Institute)에서 소장 마크햄(Roy Markham) 박사의 지도하에 식물 바이러스를 연구하는 것으로 국립연구재단에 보고됐다. 그래서 국립연구재단에서는 이를 받아들이고 대신 왓슨의 장학금을 2천 달러로 줄여서 1952년 5월까지 연장했다. 미국립연구재단을 빼고는 왓슨과 관련한 모든 이들이 당시 왓슨이 마크햄 박사와 연구할 의사가 없는 것을 잘 알고 있었다. 하지만 이 일은 잘 해결돼서 이후 7개월간 왓슨의 생활비가 해결됐다. 그래서 왓슨과 크릭의 일생을 건 연구, DNA의 구조를 밝히는 일에 몰두할 수 있게 됐다.

제4장

도전과 승리

1960년대 초반, 왓슨은 DNA 분자 구조를 규명한 과정을 기술한 『이중 나선(*The Double Helix*)』이라는 회고록을 발간했다. 왓슨은 이 책에서 DNA 연구에 대한 그의 관점과 DNA 퍼즐을 풀기 위한 그의 생각을 술회하고 있다. 그러나 이 책은 그보다 많은 것들, 즉 훌륭한 위업 뒤에 놓인 과학자의 인간적인 면인 유머, 분노, 질투, 야망, 거짓, 경솔함 그리고 천재성을 담고 있다.

『이중 나선』은 원자와 분자 이야기라기보다는 당시 DNA 연구에 관여했던 사람들의 진솔한 이야기로서 출간되자마자 미국에서 비소설 부문 베스트셀러가 됐으며, 지금도 많은 생명과학도들이 애독하고 있다. 이 책은 DNA의 구조를 밝히기 위해 수많은 사람들이 어떻게 관여했는지 깊이 있으면서도 겸손하고 솔직하게 설명하고 있다.

이 이야기에 등장하는 조연급의 중요한 인물은 폴링이다. 폴링은 반세기가 넘도록 화학계 거장으로 군림한 인물이다. 그는 노벨상을 두 번이나 수상한 세 명 중 한 사람으로 두 개의 다른 분야에서 노벨상을 받은 유일한 사람이나. 첫 노벨상은 1954년 복화합물과 분자 결합에 관한 연구로 받은 화학성이었고, 두 번째는 1962년 시상 핵 실험을 반대한 공로로 받은 평화상이었다.

DNA 경쟁에서 폴링의 역할은 어쩌면 선의의 방관자로 보일 수 있다. 그와 그의 동료들이 DNA 구조를 연구하긴 했지만, 이 연구로 다른 사람과 경쟁한다고는 꿈에도 생각지 않았다고 그는 술회했다. 폴링은 이렇게 말했다.

우리는 이 일에 심혈을 기울이지는 않았다. 실험 결과라고 할 만한 일은 거의 없었고, 있는 것이라곤 시원찮은 X선 사진뿐이었다. 또한 나는 DNA 구조를 밝히는 일에 많은 시간을 보내진 않았다. 알다시피 나는 이 일을, 할 수는 있는데 단지 시간이 없을 뿐이라고 생각했다. 이 분야에 경쟁자가 있다는 것도 전혀 몰랐다. 즉 내가 경쟁하고 있다는 사실을 알지 못했다.

폴링은 단백질 구조라는 다른 문제로 캐번디시 연구소의 페루츠 박사 그룹과 경쟁하고 있었다. 폴링과 코리(Robert Corey)는 근육, 힘줄, 비단, 뿔, 깃털, 젤라틴, 헤모글로빈, 그리고 기타 단백질에 대한 논문들을 1951년에 발표하면서 경쟁에서 앞섰다.

왓슨은 1951년 3월, 나폴리 학회에서 돌아와 나선 구조를 가진 단백질 분자를 다루는 이 논문들을 보았다. 캐번디시 연구소 소장인 브래그 경과 페루츠 등은 폴링과의 이 경쟁에서 진 것에 매우 실망했다. 특히 브래그는 캐번디시 연구소가 DNA 구조 연구에서도 같은 낭패를 당하지 않을까 걱정하고 있었다.

폴링이 DNA 구조를 밝히는 연구에 경쟁 상대가 있다는 것을 느끼거나 말거나, 왓슨은 확실히 자신이 경쟁하고 있다고 생각했다. 왓슨과 크릭의 발견을 기술한 『창조의 8일째 날(The Eighth Day of Creation)』의 저자인 저드슨(Horace Freeland Judson)은 "왓슨은 침체에 빠졌을 때 자신을 채찍질해 나가기 위해서 폴링을 생각했다"라고 기술하고 있다. 반면, 크릭

폴링(Linus Pauling, 1901~1994)

은 DNA 구조 연구에서 폴링과 경쟁하고 있다고 생각하지는 않았다고 수차례에 걸쳐 언급한 바 있다.

왓슨과 크릭이 폴링과의 경쟁 관계를 어찌 느꼈는지에 관계없이, 폴링이 DNA 퍼즐에 대해 어느 순간 그 해답을 발표할지도 모른다는 것을 그들이 항상 염두에 두고 있었던 것만은 사실이나. 한때는 그들이 폴링에게 질지도 모른다고 생각한 적도 있었다. 이런 이야기는 폴링의 아들인 피터(Peter Pauling)에게서 전해졌다.

피터는 켄드루의 조교로 근무하기 위해 케임브리지로 왔다. 그가 왓슨과 크릭과 함께 같은 연구실을 쓰게 되자, 그들은 같은 연배의 미국 동료로서 각별한 친구 사이가 됐다.

왓슨이 피터와 친해진 덕에 1952년 11월 폴링이 DNA 구조에 대해 연구하고 있었음을 알게 됐다. 그 후 두 달 동안 왓슨과 크릭은 폴링이 DNA 구조에 관한 논문을 발표하지는 않을까 초조해했다. 위대한 미국의 유기화학자가 캐번디시의 과학자들보다 한발 앞서 중요한 목표에 도달했을까?

그 해답은 1953년 1월 말에 나왔다. 폴링은 그의 논문 사본을 케임브리지에 있는 아들에게 보냈다. 그는 3개의 사슬로 이뤄진 모델을 제시했는데, 당-인산 골격이 안쪽에, 염기가 바깥쪽에 위치하는 모델이었다. 그 논문을 읽으며 왓슨과 크릭은 회심의 미소를 지었다. 폴링은 실수도 많았고 그가 제안한 DNA 모델은 황당한 것이었기 때문이었다.

왓슨은 폴링의 실수에 놀라움을 금치 못했다. 후에 그는 "만약 학생이 이와 비슷한 실수를 저질렀다면 폴링은 그 학생을 자신이 재직하고 있는 캘리포니아 과학기술원 화학과에 다닐 자격이 없는 학생이라고 생각했을 것이다"라고 말했다.

왓슨과 크릭은 더 이상 폴링이 DNA 구조를 밝히는 경쟁에서 위협적인 존재가 아니라는 것을 깨닫고 비로소 안도의 숨을 내쉴 수 있었다. 하지만 그들은 안심하는 것도 잠시뿐이라는 것을 잘 알고 있었다. 폴링의 동료들이 곧 그의 실수를 지적할 것이기 때문이었다. 그러면 폴링은 DNA 구조를 밝히기 전까지 그 일을 멈추지 않을 것이라고 왓슨은 예측했다. 그들은 DNA 퍼즐을 푸는 데 주저할 시간이 없었다. 경주는 계속됐다.

DNA 구조를 풀기 위한 정말 큰 문제점들은 비교적 많지 않은 편이었

잘못된 DNA 모델

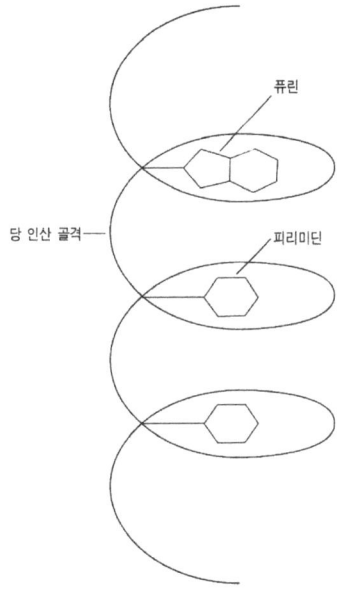

그림 7 이 그림은 DNA의 스태킹 모델(stacking model)을 보여 준다. 여기서 질소 염기는 원판처럼 차곡차곡 쌓여 있다. 왓슨과 크릭은 이 모델이 틀렸다는 것을 금방 깨달았다.

다. 당-인산 사슬이 DNA 분자의 안에 있는가, 밖에 있는가? 얼마나 많은 나선이 존재하는가? 어떻게 질소 염기가 사슬에 배열돼 있는가? 같은 것이 문제였다.

마지막 질문에 대한 가능한 해답이 〈그림 7〉에 있다. 이 모델에 따르면 찬장 선반에 접시가 쌓이듯이 질소 염기는 서로 위쪽에 쌓여 있다. 왓슨과 크릭은 일견에 이 모델이 틀렸다는 것을 알았다. 그들이 가지고 있던 실험 결과에 맞는 모델의 질소 염기는 대체 어떤 방식의 정렬 형태였을까?

이 질문에 대한 해답은 거의 동시에 두 가지 방법으로 나오게 됐다. 그 해결책은 염기 중 두 가지 아데닌(A)과 구아닌(G)은 퓨린이라는 화합물의 계열에 속하며(〈그림 8〉의 상단), 나머지 두 염기인 시토신(C)과 티민(T)은 피리미딘(〈그림 8〉의 하단) 계열로 분류된다는 것에 있었다.

1952년 봄, 크릭은 케임브리지의 젊은 수학자인 그리피스(John Griffith)에게 4종의 질소 염기가 서로 어떤 것을 끌어당길 수 있는지 계산해 달라고 부탁했다. 그리피스는 전기력 때문에 아데닌이 티민을 끌어당기고 시토신이 구아닌을 끌어당긴다는 사실을 발견했다.

곧이어 이 결과의 중요성은 왓슨과 크릭에 의해서 명백해졌다. 그들은 켄드루의 초대로 콜롬비아 대학교(Calmumbia University)의 생화학자인 샤가프(Erwin Chargaff)와 점심 식사 했다. 이때 크릭은 샤가프에게 지금까지 생화학 연구에서 밝혀진 DNA에 대한 유용한 정보는 어떤 것이 있느냐고 질문했다. 샤가프의 대답은 "글쎄요, 물론 1:1 비율이라는 것이죠"였다.

샤가프가 언급한 "1:1 비율"은 그가 3년 전에 발표한 것이었다. 이것은 샤가프가 발견한 여러 생체 시료들, 즉 효모나 소의 지라, 흉선에서 추출한 DNA의 질소 염기의 비율을 말한다. 샤가프는 모든 DNA 시료에서 아데닌과 티민 그리고 시토신과 구아닌은 항상 같은 양 혹은 1:1의 비율로 존재한다는 사실을 발견했다.

크릭은 그리피스의 계산 추정과 샤가프의 1:1 법칙이 모두 같은 뜻임

DNA에 존재하는 4종의 질소 염기

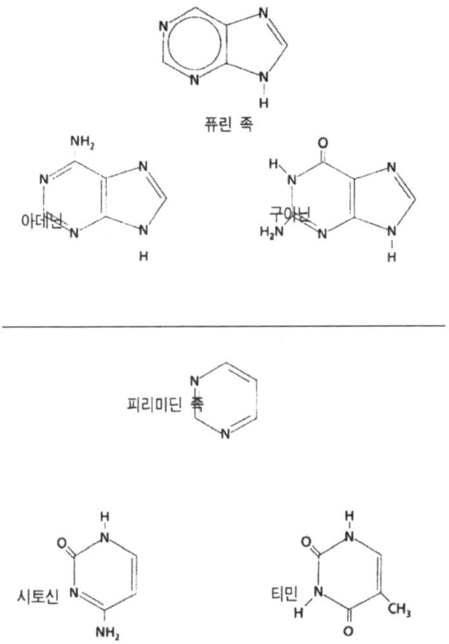

그림 8 이 그림에서 볼 수 있듯이 퓨린 족은 두 개의 고리 구조로 돼 있는 반면 피리미딘 족은 하나의 고리로 돼 있다.

을 깨달았다. 즉 DNA의 질소 염기는 각각 티민은 아데닌과, 구아닌은 시토신과 서로 쌍을 이뤄야 하는 것이었다. 또 다른 DNA 수수께끼의 중요한 부분은 DNA가 복제 가능한 구조로 돼 있어야 한다는 것이었다.

DNA 분자에서 염기가 쌍으로 존재한다는 가능성은 놀라운 생물학적 의미를 가지고 있었다. 유전학에서 가장 기본적인 질문 중 하나는 형질들이 어떻게 한 세대에서 다음 세대로 유전되는가 하는 것이었다. 이 과정은 세포가 분열할 때 일어난다. 1950년대 초, 과학자들은 현미경 관찰을 통해 "체세포 분열" 혹은 "감수 분열" 시에 염색체 구조가 어떻게 되는지는 알고 있었다.

체세포 분열의 첫 번째 단계인 전기 동안에 세포핵에서 가시적으로 염색체가 나타난다. 염색체는 막대기 모양의 입자로서 이곳에 유전자들이 배열돼 있다. 중기는 분열의 두 번째 단계로서 이 과정에서는 세포핵 주위에 형성된 막이 붕괴되고 염색체는 세포를 가로질러 중앙으로 모여든다. 세 번째 단계인 후기에서는 각 염색체가 반으로 나뉜다. 각각의 반은 세포의 반대쪽 끝으로 이동한다. 마지막으로 말기 단계에서 세포는 실제로 두 개의 새로운 세포로 나뉘기 시작한다. 따라서 각각의 새로운 세포인 딸세포는 복제한 염색체의 한조씩을 지니게 된다.

그러나 아무도 이 과정에서의 DNA 분자의 역할을 깨닫지 못했다. DNA 분자들은 너무 작아서 현미경으로 관찰할 수는 없었다. 그러나 왓슨과 크릭은 체세포 분열의 수수께끼에 대한 해답이 DNA 분자에 있다고 확신하고 있었다. 따라서 문제는 어떻게 DNA 분자에 존재하는 유전 정보가 한 세대에서 다음 세대로 옮겨 갈 수 있냐는 것이었다. 염기쌍은 이 문제에서 해답의 실마리가 될 수 있었다. 다시 말해 DNA 분자에서 아데닌은 어디에 있든지 티민과 쌍을 이룬다. 또한 구아닌도 마찬가지로 시토신과 쌍을 이루게 된다. 따라서 한 가닥의 DNA 분자의 염기 서열을 알면 그와 쌍을 짓는 가닥의 염기 서열을 자동으로 알 수 있다.

예를 들어, 한 가닥의 DNA 분자가 다음과 같은 염기 서열로 돼 있다고 생각해 보자.

- T - A - A - G - T - C - T - A - G - C - T - T - A - C -

이 DNA 가닥과 염기쌍을 이루는 DNA 가닥은 다음과 같은 염기 서열이 돼야 한다.

- A - T - T - C - A - G - A - T - C - G - A - A - T - G -

두 번째 가닥의 각 염기들이 어떻게 첫 번째 가닥과 파트너로서 쌍을 이루는지를 주목해 보라. DNA 두 가닥을 나란하게 (1), (2)로 놓았을 때 두 개의 가닥은 다음과 같다.

(1) - T - A - A - G - T - C - T - A - G - C - T - T - A - C -
(2) - A - T - T - C - A - G - A - T - C - G - A - A - T - G -

자! 세포가 분열하는 동안 이 두 가닥이 분리된다면 어떤 일이 일어날까? 염기쌍의 상보성 때문에 각 가닥은 파트너를 만드는 주형이 된다. 예를 들어 가닥 (1)에서는 가능한 파트너로 아래와 같이 (3)만이 만들어질 수 있다.

(1) - T - A - A - G - T - C - T - A - G - C - T - T - A - C -
(3) - A - T - T - C - A - G - A - T - C - G - A - A - T - G -

같은 원리로 가닥(2)에서 새로운 파트너로 만들어진 가닥은(4)이다.

(2) - A - T - T - C - A - G - A - T - C - G - A - A - T - G -
(4) - T - A - A - G - T - C - T - A - G - C - T - T - A - C -

따라서 세포가 분열하는 동안에 DNA의 각 나선 (1)과 (2)는 분열하고 자신과 똑같은 복사본인 (3)과 (4)를 만든다.

이 내용은 왓슨과 크릭이 그리피스와 샤가프의 연구를 분석해 알게 된 범위 그 이상이었다. 즉, 그들은 그리피스와 샤가프의 연구 결과의 생물학적 의미를 간파해 낸 것이다! 왓슨과 크릭은 상보적 염기쌍의 형성이 DNA 구조와 유전의 신비를 푸는 실마리가 된다는 놀라운 사실을 알아차렸다. 사실상 왓슨은 DNA 연구에서 '샤가프의 법칙이 실제 열쇠가 된다'는 것을 알았고 그걸 기록했다.

그들의 이런 흥미진진한 추정은 옳은 것이었다. 다시 말해 그들은 DNA 분자의 본성을 규명하려는 목적에 한 단계 더 가까이 다가간 것이다.

왓슨과 크릭은 연구에 박차를 가했으나 1952년에서 1953년 초에 결정적인 문제에 봉착했다. 바로 그때 필요적절하게 킹스 칼리지의 윌킨스 연구실에서 DNA의 X선 회절 연구 결과가 나왔다.

윌킨스도 왓슨과 크릭과 마찬가지로 슈뢰딩거의 『생명이란 무엇인가?』란 책의 영향을 받아 DNA를 연구해 온 물리학자로서 생명 현상의 물리적 기초에 관심이 있었다. 그는 1946년에 런던의 킹스 칼리지에 있는 랜달 경(Sir John Randall)이 새로 구성한 생물물리학 연구단의 일원이 됐다.

이 연구 그룹은 처음에는 업적이 신통치 않았다. 이는 새로운 분야의 연구에서 흔히 있는 일이었다. 크릭은 "생물물리학"이라는 새로운 분야에 큰 관심이 있었다고 술회했으나 어느 누구도 이 분야가 정확하게 무엇을 연구하는 분야인지, 또한 연구 결과를 어디에 활용할 수 있는지에 대해 알지 못했다.

『창조의 8일째 날』이라는 책에서 저드슨은 윌킨스와 랜달 그룹의 연구자들이 생산적인 연구 방향을 결정하는 데 많은 어려움이 있었다고 회상했다. 이 때문에 그는 과제마다 뛰어들었으나 결과를 좀처럼 얻지 못했다고 한다.

그가 흥미를 갖고 있는 연구 분야 중 하나가 바로 DNA 분자의 X선 분석이었다. 1950년 늦은 봄에 윌킨스는 드디어 DNA의 순수 샘플을 얻었고, DNA의 X선 영상을 얻기 위해 실험에 들어갔다. 그가 찍은 X선 사진은 DNA 구조를 밝히는 데 훌륭한 자료가 됐다. 1951년 왓슨이 나폴리에서 본 것도 이것이었다. 이것은 왓슨이 DNA 구조에 흥미를 느끼게 했다.

여러 가지 이유로 윌킨스는 DNA의 연구를 계속하지 못했다. 저드슨이 지적한 바와 같이, 윌킨스는 연인을 우연히 아는 사람에게 소개하고는 그녀가 떠나는 것을 바라만 보는 멍청한 남자처럼 DNA의 구조 연구의 주도권을 왓슨과 크릭에게 빼앗긴 셈이다.

윌킨스가 DNA 연구를 실패한 요인 중 하나는 연구의 방향을 계속 유지하기 위해 연구 방식을 수정하지 않은 점에 있다. 그는 실험과 X선 영상을 분석할 전문적 기술이 있는 누군가를 고용했고 그 사람이 바로 프랭클린이었다.

프랭클린은 런던의 성 바울 여자고등학교(St. Paul's Girl's School)와 케임브리지 대학교를 졸업했으며, 파리에 있는 한 연구소에서 석탄의 결정 구조를 연구하고 있었다. 현재 신소재로 널리 사용하고 있는 탄소 섬유의 개발은 프랭클린의 수많은 초기 연구에 힘입은 바 크다.

왓슨이 『이중 나선』에서 여러 차례 언급했듯이 왓슨은 프랭클린을 그녀가 없을 때는 로시(Rosy)라고 불렀으며, 그녀를 좋지 않게 평했다. 그녀는 차갑고 무정하고, 외모에 전혀 관심이 없으며 다른 사람들에게 인상이 좋지 않았다고 왓슨은 술회했다. 크릭은 그녀를 다음과 같이 평했다.

> 프랭클린이 연구에 실패한 이유는 대부분 그녀 자신의 탓이다. 그녀는 활달한 성격이긴 하지만 감수성이 지나치기 때문에 과학적으로 옳아 보이는데도 결정을 내리지 않았고 어려운 길을 택했다. 그녀는 자기 생각과 상치된다고 생각할 때는 고집스레 남의 조언을 받아들이지 않았으며 스스로 결과를 재확인했다.

크릭은 "과학적 연구라는 직업은 숙녀에게는 어울리지 않는 것이라고 생각한" 프랭클린의 가족들의 생각이 프랭클린의 인격 형성에 영향을 미쳤을 것이라고 안타까워했다.

그러나 『이중 나선』의 후반부에서 왓슨은 그녀에 대한 부정적인 시각을 누그러뜨렸다. 그 책이 출판됐을 때 그녀는 이미 백혈병으로 37세의 꽃다운 나이에 요절한 후였다. 왓슨은 "그녀는 성실하고 관대했으며 나는 이 지적인 여성이 과학계에서 자신의 위치를 공고히 하려고 한 노력을 너무 늦게 깨달았다"라고 술회했다.

『이중 나선』을 읽은 평론가들은 왓슨의 프랭클린에 대한 표현을 특별한 이야깃거리로 다루었다. 저명한 프랑스의 미생물학자인 르보프(Andre Lwoff, 1902~1994)는 왓슨의 프랭클린에 대한 평을 잔인하다고 평했다. "왓슨과 크릭의 대발견이 프랭클린의 X선 사진에 힘입은 바가 크고 왓슨이 프랭클린의 업적을 활용했다는 사실을 아는 나로서는 적어도 왓슨은 프랭클린의 업적에 대해 관대하게 평했어야 한다"라고 그는 지적하고 있다. 앞에서 얘기한 바와 같이 『이중 나선』의 후반부에서는 왓슨의 프랭클린에 대한 생각이 많이 바뀌어 있었다. 그러나 르보프는 잘못된 것으로 판단되는 프랭클린에 대한 평을 『이중 나선』에서 삭제해야 한다고까지 주장했다.

DNA 연구에 있어 중요한 업적을 남긴 다른 한 사람인 샤가프는 프랭클린에 대한 왓슨의 평을 "인정 없는 가혹한 처사이다. 난 프랭클린을 개인적으로 잘 안다. 그녀는 훌륭한 과학자였고 DNA의 구조 이해에 중요한 기여를 했다"라고 평했다.

다른 동료들은 프랭클린에 대해 훨씬 좋게 평하고 있었다. "그녀는 비록 자신의 의견을 피력하는 경우와 논쟁에서는 열정적이지만 매력적이고 여성스러우며 사교성이 좋았다"라고 주장했다. 종합해 보건대, 프랭클린은 원만한 대인 관계를 가졌으나 과학자로서는 철저했던 것으로 보인다.

프랭클린의 친구인 세이어(Anne Sayre)는 DNA 구조의 발견 과정에서 프랭클린의 역할과 프랭클린의 인생을 다른 면에서 조명한 『프랭클린과 DNA(*Rosalind Franklin and DNA*)』라는 프랭클린의 전기를 썼다. 세이어는 『이중 나선』에서 프랭클린에 대한 왓슨의 평이 잘못됐음을 지적하는 것으로 서두를 시작했다. 그녀는 서두에서 "왓슨은 프랭클린에 대해 평했으나 그의 평은 피상적으로 프랭클린의 진면을 묘사하고 있지 못하다"라고 왓슨을 비판했다.

세이어는 프랭클린에 대한 왓슨의 평이 지나치게 일방적이라 생각했으며, 이를 바로잡기 위해 그녀의 저서의 많은 부분을 프랭클린의 성품과 과학자로서의 업적을 기술하는 데 할애했다. 프랭클린의 성품을 높이 평가하기 위해 그녀는 "고귀한 인품", "넘치는 역동적 에너지", "빼어난 외모", "고상하고 정교한 민첩성", 그리고 "강렬함" 같은 용어를 사용했다.

프랭클린의 과학적 업적에 대해서는 "소수의 선택된 선구자"라는 표현을 쓰며 그녀의 탁월성과 업적에 대해 극찬을 아끼지 않았다.

세이어는 그녀의 저서에서 프랭클린은 남자 동료들의 성차별주의 성

런던 대학교 킹스 칼리지의 터너-뉴월 연구원(Tumer-Newall Research Fellow)으로
카페에서 망중한을 즐기고 있는 프랭클린(역자 첨가 자료)

향에 의한 희생자였고, 특히 왓슨은 그러한 성향이 강했다고 평했다. 그녀는 한 예로 "프랭클린은 킹스 칼리지의 일반 식당에서조차도 다른 남자 동료들과 함께 식사하는 것이 받아들여지지 않았다. 그래서 그녀는 학생식당이나 캠퍼스 밖에서 식사를 해야만 했다"라고 지적했다. "이런 분위기를 사소한 것이라고 보아 넘길 수도 있겠지만, 과연 사소한 일인가?"라고 세이어는 그의 저서에서 반문한다.

프랭클린의 인품과 그녀에 대한 왓슨의 평에 관한 논쟁은 아직도 끝나지 않았다. 1988년 『DNA 사냥(*DNA Hunt*)』에서 크릭은 프랭클린에 대한 왓슨의 평을 여성차별주의적 편견으로 매도한 세이어의 비판은 신빙성이 없다고 재차 반박했다. 크릭은 프랭클린이 여성 과학자였기 때문에 겪은 차별이 있었다면 그것은 사소한 일이었을 것이라고 주장했으며, 크릭은 동료 과학자들이 여성이라고 그녀를 남성 과학자들과 다르게 대하지 않았다고 회고했다.

그런데 프랭클린이 윌킨스의 실험실에서 큰 사건을 일으킨 것은 틀림없는 사실이었다. 저드슨은 이 논쟁을 "과학사에 남을 만한 굉장한 개인 간의 언쟁"이라고 표현했다. 이 사건의 발단은 윌킨스의 실험실에서 프랭클린의 역할이 불분명한 데서 시작됐다.

윌킨스는 프랭클린을 그의 연구 보조원으로서 고용했고, 그녀의 임무는 좀 더 나은 DNA X선 사진을 얻고 이를 해석하는 작업을 돕는 것 이상으로 프랭클린에 대해 생각하지 않았다. 이를 위해 윌킨스는 프랭클린에게 그가 연구하고 있던 DNA 자료를 건넸으며 X선 장치를 사용하게 했고, 고슬링(Raymond Gosling)이라는 대학원생에게 그녀를 돕게 했다.

반면 프랭클린은 자신이 윌킨스의 조수로 고용됐다고는 생각하지 않았으며 DNA를 분석하는 전문가로서 윌킨스와 같이 연구하는 공동 연구자로서 오게 됐다고 생각했던 것이다.

사실 이 사건은 사전에 예방될 수 있었던 것으로 보인다. 1951년 1월 프랭클린은 킹스 칼리지에 도착해 물리학부장 랜달과 그 학부 소속 물리학자인 스톡스(Maurice Stokes), 그리고 고슬링과 회합을 가졌다. 그런데 우연히도 윌킨스가 그 자리에 없었다. 그 회합에서 프랭클린의 학부에서의 역할이 논의됐으나, 학부장이었던 랜달이 DNA 연구에서 그녀의 지위와 역할을 명백히 이야기하지 않았다. 그리고 이러한 프랭클린의 지위에 대한 불확실성이 프랭클린과 윌킨스 사이에 커다란 충돌을 야기했을 수도 있었을 것이라고 랜달은 후에 회상했다. 고슬링은 윌킨스가 그 모임에 참석하지 않은 것이 그 후에 일어난 문제의 중요한 원인이었던 것으로 보았다. 고슬링은 "만일 윌킨스가 이 회합에 참석했었다면 두 사람의 관계는 매우 다르게 진전했을 것이다"라고 언급했다.

그러나 아마도 역할 배분 자체가 윌킨스와 프랭클린 간의 싸움에 근본 원인이 아니었을지도 모른다. 더 근본적인 문제는 이 두 과학자들이 근원적으로 서로 마음이 맞지 않았음에 있었을지도 모른다. 왠지 두 사람은 그냥 서로 미워했던 것이다. 세이어는 이러한 사실을 다음과 같이 설명했다.

> 윌킨스와 프랭클린의 관계에서는 처음부터 잘해 보자는 쌍방 간의 노력을 볼 수 없었다. 둘 사이의 관계는 감정적이고 즉흥적이었다. 그들은 인간적으로 멀어졌을 뿐만 아니라 적대적이 됐고 이따금 서로의 반감이 감정으로 표출됐다.

이러한 상황으로 봤을 때 킹스 칼리지에서 전개될 여러 사건에 대한 예측은 그리 어렵지 않을 것이다. 프랭클린은 그녀가 런던에 도착해 일을 시작한 이래 몇 달 동안 실험 장비와 분석 자료를 윌킨스와 공유하기를 거절했으며 결국 여름이 끝날 무렵 윌킨스는 프랭클린과의 공동 연구를 포기하게 됐다. 그러나 윌킨스의 이러한 결정이 프랭클린과 윌킨스의 실험실에 어떠한 변화를 가져오지는 않았다. 프랭클린은 3년 계약으로 킹스 칼리지에 고용됐으므로, 그녀는 윌킨스와의 관계가 나빴음에도 DNA에 대한 연구를 계속할 수 있었다. 그런데 이렇게 어려운 상황에서 프랭클린이 이뤄 낸 연구 결과에서 왓슨과 크릭은 DNA 구조 모델을 만드는 데 필요한 중요한 정보를 얻게 됐던 것이다.

왓슨과 크릭은 실패를 맛보았던 1951년 11월 이후 DNA 연구보다는 다른 문제에 관심을 돌리게 됐다. 브래그는 그들이 하던 연구를 정식으로 중지시켰으며 왓슨과 크릭도 다시 DNA 구조 연구로 관심을 돌릴 만한 계기를 찾지 못했었다. 이때 연구의 중단을 가져온 결정적 원인은 좀 더 나은 X선 사진이 없었기 때문이었다. 그들이 필요했던 바로 그 DNA X선 분석 작업은 킹스 칼리지의 윌킨스와 프랭클린의 실험실에서 진행되고 있었으나, 왓슨과 크릭은 이들의 연구 결과에 관해 거의 듣지 못하고 있었다.

1952년 10월 크릭은 왓슨이 다시 DNA 구조 연구에 관심을 갖게 하려 했으나 왓슨은 별 관심을 보이지 않았다. "난 겨울에 와해돼 버린 그 침체된 상황을 극복할 만한 새로운 실험적 결과를 찾을 수 없었다"라고 왓슨은 그때의 상황을 설명했다. 사실 그는 새로운 실험 결과가 없는 한 크릭과 그가 할 수 있는 일은 아무것도 없다고 생각했던 것이다.

1952년 대부분을 크릭은 그의 박사 과정을 연구하면서 보냈다. 그리고 왓슨은 미생물도 성(性)의 구분이 있을 것이라는 최신 발견에 흥미를 느꼈다. 그는 이 매력적인 연구 주제에 대해 공부하려 많은 시간을 보냈다. 또한 휴가, 파티 그리고 다른 여가 활동에도 시간을 보냈던 것으로 보인다.

이러한 소강상태는 왓슨과 크릭이 1953년 1월에 폴링의 DNA 구조 모델 논문을 받아 보게 되면서 갑작스럽게 끝난다. 그들은 폴링의 논문에 대해 윌킨스와 의논하기로 즉시 결정했다. 왓슨과 크릭은 여전히 공식적으로는 DNA에 대한 연구가 금지돼 있는 상태였다. 그러나 왓슨과 크릭은 폴링의 논문이 그들에게 다시 DNA 연구를 시작할 수 있는 계기가 돼 줄 수 있을 것으로 여겼다. 사실 한 달 전에 왓슨은 "DNA에 대한 폴링의 적극적인 연구가 윌킨스로 하여금 크릭과 나에게 도움을 청하도록 했으면 좋겠다"라는 바람을 피력했다. 이제 그들은 윌킨스의 마음을 바꿀 중요한 계기를 갖게 되었다. 그러나 윌킨스의 반응은 신통치 않았었다. 왓슨은 프랭클린이 머지않아 킹스 칼리지를 떠나게 되고, 윌킨스 자신이 직접 DNA 연구를 다시 시작할 계획임을 알게 됐다.

다음 해인 1953년 1월에 그들은 더욱 다급해졌다. 왓슨과 크릭은 가능한 빨리 DNA 연구를 재개해야만 했다. 왓슨은 어차피 런던을 방문할 계획이었기에 그는 1월 30일에 윌킨스와 만나기로 했다.

왓슨이 킹스 칼리지에 도착했을 때, 왓슨은 윌킨스가 너무 바빠 대신 프랭클린의 연구실에 들러 폴링의 논문을 그녀에게 보여 줬다. 이때 일어난 일은 과학계에서는 전설적인 이야기가 됐다. 그러나 아쉽게도 우리들은 이때의 정황에 대해서 단지 왓슨의 이야기만 들을 수밖에 없다. 프랭클린은 이때의 일에 대해 아무런 기록도 남기지 않았던 것이다.

왓슨은 『이중 나선』에서 프랭클린이 왓슨이 가져온 폴링의 논문을 보고 매우 화를 내었다고 기술하고 있다. 왓슨은 프랭클린에게 단지 폴링의 DNA 세 가닥 나선 모형이 1951년 11월의 그와 크릭이 실패한 모형과 유사함을 보여 주려고 했으나, 이야기가 계속될수록 프랭클린의 불편한 심기는 더욱 표출됐다고 회상했다.

왓슨은 자신이 끈질기게 DNA의 나선 구조에 대해 이야기한 것이 프랭클린을 화나게 했다고 믿었다. 왓슨은 프랭클린이 매우 화가 났으며 "매우 신경질적이었다"라고 썼다. 당시 정황에 대한 이와 같은 해석은 왓슨이 '프랭클린은 오랫동안 DNA는 나선으로 존재할 수 없다고 믿고 있었다'고 여긴 데서 연유하지 않았나 생각된다.

이 사건에 대해 세이어는 다른 해석을 하고 있다. 그녀는 다음과 같이 주장했다. "왓슨은 계속 B형 DNA 구조와 A형 구조에 대한 견해를 구분하지 않고 이야기했기 때문에 그녀의 감정을 건드렸다."

사실 왓슨이 DNA 구조 모형을 얘기할 때 프랭클린이 화난 이유가 다른 데 있었을 수도 있다. 근 1년 동안, 그녀는 폴링의 DNA 논문의 공동 저자인 코리(Robert Corey)와 교류를 해 왔었다. 그 당시 DNA 연구를 하지 않았던 왓슨은 폴링의 DNA 연구 논문을 받아 보았는데 정작 프랭클린 자신은 받아 보지 못한 데 그녀로서는 충분히 모욕감을 느낄 수도 있었을 것이다.

왓슨은 프랭클린이 얼마나 공격적이었는지 다음과 같이 기술했다. "그녀가 굉장히 화가 나서 나를 한 방 갈길 것만 같았다. 그러나 나는 그때 윌킨스가 나타난 덕에 얻어맞는 것을 모면할 수 있었다."

그러나 극적으로 보이는 이 장면에는 우스운 면도 있다. 프랭클린이 왓슨을 때리려고 했을지도 모른다. 그러나 사실 그것은 불가능했는데 프랭클린은 작고 말랐으며 왓슨은 키가 1.8m 이상이었다.

왓슨의 방문으로 일어난 극적인 사건은 그와 윌킨스가 프랭클린의 실험실을 떠난 후에도 계속됐다. 두 사람이 복도를 걸으면서 윌킨스는 왓슨에게 프랭클린이 DNA X선 사진 실험에서 중요한 진척을 이루었음을 알렸다. 프랭클린은 DNA가 두 가지 형—그녀는 이를 A와 B형으로 불렀다—으로 존재함을 확인했던 것이다.

저드슨은 이때의 이러한 소식이 참으로 놀랄 일이라고 『창조의 8일째 날』에서 지적하고 있다. 프랭클린은 이미 1년여 전에 DNA의 "A"와 "B"형을 발견했었고, 그 기간 동안 윌킨스와 왓슨, 크릭은 여러 형태로 지속적인 교류를 하고 있었던 것이다.

하지만 어떤 이유든 간에 윌킨스는 분명히 왓슨이나 크릭에게 B형 DNA 구조에 대해서 말하지 않았다. 왓슨은 1월 30일에 킹스 칼리지를 방문했을 때 비로소 B형 DNA에 대해 처음 들었다고 주장하고 있다.

윌킨스가 B형 구조에 대해 언급할 때 왓슨은 그 사진을 볼 수 있겠느냐고 물었다. 그때 윌킨스는 프랭클린의 사진 사본을 만들어 두었다며 은밀하게 이야기했다. 프랭클린은 버크벡 대학(Birkbeck College)의 버날(Desmond Bernal) 연구실로 옮기게 돼 있었는데, 윌킨스는 프랭클린이 떠난 후에도 그녀가 킹스 칼리지에서 수행한 연구 결과의 사본을 본인이 보유하길 원했다.

이러한 연유로, 왓슨은 처음으로 그 유명한, 지금도 교과서에 인용되는 DNA의 X선 회절 사진 "사진 51번"을 볼 수 있게 됐다. 이 책의 29쪽에 있는 사진이 바로 그 사진이다. 프랭클린은 1952년 5월에 이 사진을 촬영했다. 이것은 그때까지 얻은 것 중에서 가장 선명한 DNA 사진이었다. 그녀는 사진의 잠재적 가치를 이내 눈치챘다. 그러나 그녀는 이에 대한 연구를 곧바로 시작하지 않는 대신 그때까지 연구 중이던 A형 DNA의 사진에 대한 분석을 마치기로 결정했다.

이 결정의 이면에는 여러 이유가 있다. 하나는 B형에 비해 A형의 결정 상태가 더 양호했으며, 따라서 더 좋은 사진을 얻을 수 있을 것 같았다. 다른 하나는 A형과 B형은 분명히 구조적으로 닮았기 때문에 더 많은 정보가 수집된 A형에 노력을 집중하는 것은 당연한 일이었다.

따라서 프랭클린은 그녀의 소심하고 차분한 성격에 따라 B형을 시작하기 전에 A형에 대한 분석을 완료하기로 했다. 그 분석은 거의 1년이 걸렸다.

왓슨은 사진 51번을 보자마자 흥분했다. 그는 "사진을 처음 본 순간 입이 딱 벌어지고 맥박은 고동치기 시작했다"라고 당시를 회상하고 있다.

왓슨이 흥분한 이유는 사진 51번이 매우 선명했기 때문이었다. 의심할 여지없이 DNA 분자는 나선을 이루고 있었다. 그 당시에 어느 누구도 DNA의 비나선 구조의 가능성을 배제할 수 없었다. 프랭클린은 이 점을 동료들에게 적어도 한 번 이상 상기시킨 바 있는데 이는 분자 구조를 확정

짓기에 A형 DNA 사진이 선명하지 못했기 때문이었다. 그러나 B형 DNA 사진의 상황은 달랐다. 왓슨은 다음과 같이 기술하고 있다.

> 전에 A형 DNA로부터 얻었던 데 비해 패턴은 믿기 어려울 정도로 단순하고 선명했다. 더군다나, 사진에 뚜렷하게 나타나는 검은 대각선의 회절 무늬는 오로지 나선 구조에서만 나타나는 것이었다.

왓슨은 X선 사진을 단순하게 분석하더라도 분자의 주요 특성을 밝힐 수 있을 것이라 확신했다.

윌킨스와의 저녁 식사에서 왓슨은 킹스 칼리지의 연구자들이 DNA 분자의 특성에 대해 다른 어떤 것을 알고 있는지 알아내려고 노력했다. 예를 들어, 원자들 간의 간격과 나선의 개수를 알아낼 만한 그 어떤 계산을 했는지…….

그러나 그는 만족스러운 정보를 얻지 못했다. 왓슨은 다음과 같이 기술하고 있다.

> 윌킨스의 장황한 대답은 핵심에 다다르지 못했으므로, 그가 킹스 칼리지의 어느 누구도 정확한 회절 자료를 측정하지 못했다고 말하는 것인지 혹은 음식이 식기 전에 식사를 마치기를 원하는 것인지 도무지 알 수 없었다.

아마도 왓슨이 런던 방문에서 얻은 가장 확실한 정보는 이중 나선 모델의 가능성이었다. 그는 자신과 다른 사람들 모두 삼중 나선 개념에 너무 집착하고 있음을 인식했다. 사진 51번을 통해 이제 이중 나선 모델도 배제할 수 없음이 자명해졌다.

왓슨은 케임브리지로 돌아오는 기차에서 사진 51번에 관한 모든 기억을 정리했다. 다음 날, 그는 그의 생각을 브래그와 켄드루, 크릭에게 전했다. 브래그는 더 이상 왓슨과 크릭의 DNA 연구를 막을 수 없음을 깨달았다. 그는 그들에게 DNA 모델을 제작해도 좋다고 허락했다.

이번 연구는 이미 상당히 많은 정보를 손에 쥔 상태에서 진행됐다. 우선, 사진 51번의 증거로부터 나선 구조가 확실한 것 같았다. 둘째, 이전의 애스트버리(William Astbury)의 X선 사진에 의하면 분자 내 염기 간 거리는 3.4Å($1Å = 10^{-10}m$)이었다.

셋째, 애스트버리의 사진에서 나선이 1회전 하는 데 필요한 거리인 분자 내 반복 거리도 알게 됐다. 마지막으로, 윌킨스의 연구로부터 분자의 지름이 20Å임이 알려졌다.

따라서 DNA 구조에 대해 단지 세 가지 중요한 질문만이 남아 있었다. 첫째, 분자 내에는 몇 가닥의 나선이 존재할까? 둘째, 질소를 함유한 염기는 분자의 안쪽에 존재할까, 아니면 바깥쪽에 존재할까? 셋째, 각 염기는 서로 어떤 관계를 유지하며 분자 내에 배열돼 있을까? 만약 염기가 분자의 안쪽에 존재한다면 마지막 질문은 매우 중요하다.

흥분되는 5주간의 시간이 흘렀다. 왓슨과 크릭은 모델에 필요한 정확

1953년 3월 그들이 규명한 정확한 DNA 구조 모델을 설명하고 있는 왓슨과 크릭

한 모형들을 가지고 있지 못했으므로 처음에는 작업이 매우 느리게 진행됐다. 질소 염기, 당 및 인산 그룹 모델이 공작실에서 바쁘게 만들어지는 동안 두 사람은 잠시 다른 연구를 진행했다.

모델의 부품이 준비되자, 왓슨은 당-인산 골격이 안쪽에 들어간 이중 나선을 조립하기 시작했다. 이틀 동안 아무 성과 없이 보낸 후, 왓슨은 "결과가 15개월 전에 만든 삼중 나선 모델보다 더 만족스럽지 못했다"라고 보고했다.

크릭이 바로 옆의 자기 책상에 앉아 박사 학위 논문을 작성하는 동안 왓슨은 모델에 대한 실질적인 작업을 진행하고 있었다. 시시때때로 크릭은 왓슨의 작업을 살펴보고 지적했다. 왓슨의 이중 나선 모델이 성과를 거두지 못하자, 크릭은 결국 왓슨에게 염기들을 모델의 바깥쪽이 아닌 안쪽에 놓아 보라고 조언했다.

왓슨이 그렇게 하지 않은 데에는 한 가지 과학적 이유가 있었다. 염기가 분자의 바깥쪽에 있으면 염기들은 쉽게 세포 내 다른 부위와 접촉할 수 있을 것이며, 이에 따라 그들이 지니고 있는 어떠한 유전 정보라도 세포 내에서 쉽게 해독될 것이라고 생각했기 때문이었다.

왓슨이 염기를 안쪽에 놓지 않은 데에는 또 다른 이유가 있었다. 염기가 안쪽에 존재할 경우 염기들 간의 상호 배열 상태를 결정해야 하는 새로운 문제점을 야기할 수 있기 때문이었다. 분자의 바깥쪽에서 각 염기는 다른 염기의 방해 없이 골격으로부터 밖을 향할 수 있다.

그러나 염기가 안쪽에 있으면 각 사슬에 있는 염기들은 다른 사슬의 염기들과 가까운 거리에 놓이게 될 것이다. 왓슨은 어떻게 염기들이 배열돼야 모든 필요한 화학적 힘들을 만족시킬 것인가를 고려해야만 했다.

왓슨은 '그렇게 되면 너무나 많은 모델 유형들을 만들어야 한다'는 두려움 때문에 이러한 도전을 받아들이는 데 주저했다고 말한다. 그리고 그는 이러한 부지기수의 모델 중에서 정확한 것을 찾아내는 방법이 있을 것이라 생각하지도 않았다.

그러나 결국 왓슨은 이러한 노력을 경주해야겠다고 결정했다. 이에 따라 그는 바깥쪽에 당-인산 골격을, 그리고 안쪽에 염기가 들어가 있는 이중 나선 모델을 만들기 시작했다. 예상한 대로, 염기 배열이 가장 골치 아픈 문제였다. 우선, 그는 아데닌과 구아닌 그리고 시토신과 티민의 유유상

종 배열을 시도했다. 〈그림 8〉에 나타나 있듯 아데닌과 구아닌은 모두 이중 환 구조를 가진 퓨린 족이며, 시토신과 티민은 단일 환으로 된 피리미딘 족이다.

이와 같은 배열은 퓨린끼리 쌍을 이루는 부분에서는 불뚝 나오고 피리미딘끼리 쌍을 이루는 부분에서는 잘록해지므로 만족스럽지 못했다. 또한, 왓슨과 크릭은 DNA 분자의 지름이 모든 곳에서 일정하다는 사실을 이미 알고 있었다.

왓슨과 크릭 모두는 이미 이러한 문제점의 해결에 필요한 실마리를 알고 있었다. 그들은 샤가프의 1:1 법칙과 적어도 6개월 전에 그리빈(John Gribbin)이 수행한 계산에 친숙한 상태였다. 하지만 이유야 어찌 됐든지 둘 다 이러한 중요한 정보를 망각하고 있었다. 두 사람은 이 두 가지 필수 정보의 "의미성을 거의 까먹은 상태에서" 연구를 수행했다고 그리빈은 전하고 있다.

결국에 왓슨은 아데닌과 구아닌을 짝짓고 티민과 시토신을 짝짓는 모델은 헛수고였음을 감지했다. 이에 따라 티민과 아데닌, 혹은 구아닌과 시토신을 각각 다른 가닥에 위치해 짝짓게 하는 모델을 제조하기 시작했다. 그는 이 모델이 옳을 것이라 직감했다. 그는 다음과 같이 당시를 회상했다.

> 갑자기 나는 두 개의 수소 결합에 의해 연결된 아데닌-티민 쌍 모양은 두 개 이상의 수소 결합으로 연결된 구아닌-시토신의 쌍과

같음을 감지하게 됐다. 모든 수소 결합은 두 종류의 염기쌍의 모양이 일정하게 되도록 억지로 조작하지 않아도 자연스럽게 형성되는 것 같았다.

여기서 왓슨이 말하는 수소 결합이란 DNA를 포함한 많은 생명체 분자에서 나타나는 약한 화학적 결합을 의미한다.

1953년 3월 7일 토요일에 DNA의 수수께끼는 풀린 듯했으나, 캐번디시 및 킹스 칼리지에 있는 동료들의 검증을 통과해야 했다. 이번에는 그들도 인정할 것이라며 왓슨은 확신했다. 그러나 왓슨은 "크릭이 연구실을 나서자마자 잽싸게 이글 카페로 가서 모든 사람들에게 큰 소리로 '우리가 생명의 신비를 발견했다'고 말했을 때 심기가 불편했다"라고 고백했다.

이로부터 2주 동안에 DNA에 관심이 없었던 연구소의 거의 모든 사람들조차 왓슨과 크릭의 연구실을 방문했다. 브래그, 페루츠, 켄드루, 도나휴(Donahue), 윌킨스, 프랭클린 그리고 고슬링 모두 그들이 본 것을 인정했다. 왓슨과 크릭은 그들의 결과를 논문으로 작성하기 시작했다. 그들의 역사적인 논문은 1953년 4월 간단한 형식으로 『*Nature*』지에 출판됐다. "우리는 디옥시리보뉴클레익산(DNA)의 구조에 대한 모델을 제안하고자 한다. 이 구조는 상당히 생물학적으로 흥미 있는 독특한 특성을 지니고 있다"라고 논문의 서두는 시작된다. 이 논문에 제시한 모델은 〈그림 9〉에 나타나 있다.

왓슨과 크릭의 업적은 탁월한 것이었으나, 분명히 그들은 이 과정에서

DNA의 구조

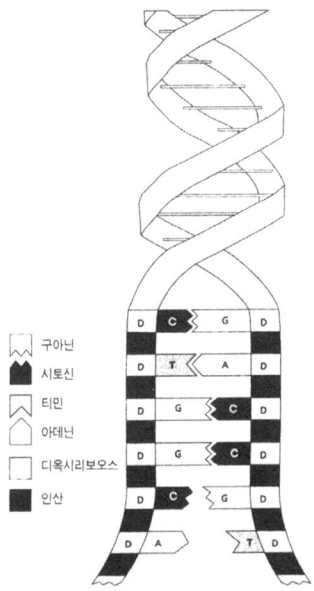

그림 9 왓슨과 크릭이 1953년 4월 『Nature』지에 출판한 논문에 실은 DNA 구조의 모식도

여러 가지 실수를 했다. 그들은 정확한 해답을 얻기 한 달 전까지 프랭클린, 샤가프, 그리피스 및 다른 사람들의 매우 가치 있는 중요한 정보를 잘못 이해하거나 망각했었다. 그들은 갖추었어야 할 X선 결정학과 화학 지식이 모자랐다. 그들은 종종 윤리적으로 의심되는 방법으로 프랭클린과 같은 다른 학자의 연구 결과를 이용했다.

그러나 그들의 지적 능력과 개성의 절묘한 조합을 통해 DNA 구조를 밝혔다는 점이 더 중요할지도 모른다. 그들은 자신들의 연구에 완전히 몰

DNA 분자의 스페이스-필링(space filling) 모델

입돼 있었다. 그들은 그들의 연구에 물리학 및 생물학적 통찰력을 조합하는 방법을 알고 있었고, 문제점을 새로운 다른 방법으로 관조하고자 하는 혜안을 지니고 있었다. 그들 모두, 특히 왓슨은 그들이 연구하고 있는 문제점을 가장 보편화된 가능성이 있는 통찰력에서부터 관조하는 능력을 지녔다.

마지막으로, 그들은 인간적으로 서로 거의 완벽하게 죽이 잘 맞았다. 그리빈은 다음과 같이 지적한 바 있다.

그들이 이룩한 가장 위대한 점은 한 팀으로서 서로의 아이디어를 주고받고, 세세한 부분까지 상대방의 의향을 읽고 또한 필요한 경우 재조립할 수 있었다는 사실이었다.

킹스 칼리지에 있던 윌킨스와 프랭클린은 두뇌가 명석한 사람들이었으나 함께 일하는 것은 물론 정겹게 얘기조차 나누지 못하는 관계였으므로 좋은 결과가 나올 수 없었다.

왓슨과 크릭에게 돌아간 보상은 지금까지 인류가 연구한 가장 괄목할 만한 중요한 분자들 중 하나의 구조를 규명한 것이었다. DNA 분자의 구조가 발견되자마자 왓슨은 이 분자의 의미성을 가장 잘 설명했다고 볼 수 있다. 반주와 함께 저녁 식사를 마친 어느 날 저녁, 왓슨은 몽롱한 상태에서 DNA 분자에 대해서 "너무 아름다웠어, 진짜 너무 아름다웠다"라고 말했다.

정말 그랬다. 가공의 유전자에 대한 비밀 그 자체를 물리, 화학적으로 파헤치고자 했던 왓슨과 크릭 모두의 꿈이 실현된 것이다.

제5장

새로운 시작

왓슨과 크릭의 발견은 DNA 분자의 구조를 찾고자 했던 오랜 연구에 종지부를 찍었다. 그들의 발견에 대해 한 과학자는 "20세기 과학에서의 가장 위대한 발견"이라고 말했다. 또 다른 과학자는 이에 대해 "20세기 과학에서의 신나는 모험담"이라고 말하기도 했다.

그러나 이 연구에 관여한 사람들에게 있어서 DNA 퍼즐을 해결한 것은 연구의 시작일 뿐이었다. 당시에 왓슨은 약관 23세로 대학원을 졸업한 지 2년도 채 되지 않았었다. 크릭의 경우, 비록 몇 달 후에 박사 학위를 받기는 했지만 그때까지만 해도 아직 박사과정 학생이었다.

왓슨과 크릭은 모두 그 이후로 화려한 경력을 가지게 된다. 왓슨은 1953년 가을에 케임브리지를 떠나 캘리포니아 과학기술원의 선임 연구원이 됐다. 그리고 1955년에 하버드 대학교로 옮겨서 21년 동안 그곳에서 봉직했다. 그리고 1969년에는 콜드 스프링 하버 생물학 연구소의 책임자가 됐다. 또한 그는 정부 위원회의 한 일원으로 일하기도 했으며 가장 최근에는 미 국립보건원의 인간 유전체 연구(Human Genome Project)의 책임자로 임명되기도 했다.

『이중 나선』 이외에도 왓슨은 분자유전학의 고전이 된 『유진자의 분자생물학(The Molecular Biology of the Gene)』(1965)이라는 교과서를 쓰기도 했다. 또한 1968년에 39세의 나이로 결혼했는데 배우자는 그의 실험실에서 연구하던 19세의 루이스(Elizabeth Lewis)라는 래드클리프 대학(Radcliffe College)의 학생이었다. 그들은 루퍼스(Rufus)와 던컨(Duncan)이라는 두 명의 아들을 두었다.

크릭은 1953년에서 1954년까지 브루클린 폴리테크닉 연구소(Brooklyn Polytechnic Institute)에서 단백질 구조 연구를 수행했다. 1954년에 그는 케임브리지로 돌아왔으며 1976년까지 그곳에서 교수를 역임했다. 그는 영국 의과학 연구소(Medical Research Council Laboratory)의 세포생물학 분야에서 브레너(Sydney Brenner)와 함께 공동책임자가 됐다.

또한 그는 이 기간 동안에 록펠러 연구소(Rockefeller Institute, 1959년)와 하버드 대학교(1959년과 1962년)의 방문 교수이기도 했다. 1977년에 크릭은 캘리포니아의 라졸라(La Jolla)에 있는 생물학 연구를 위한 솔크 연구소(Salk Institute)의 생물학 과장 자리를 받아들여 그 이후로 계속 그곳에 머물렀다.

크릭은 세 권의 책을 저술했다. 『분자와 사람(*Of Molecules and Men*)』(1966)에서는 생기론에 대한 그의 주장을 개괄적으로 서술했다. 『생명 그 자체: 생명의 기원과 본질(*Life Itself: Its Origin and Nature*)』(1981)에서는 우주 어딘가에 존재할 생명의 기원에 대한 자신의 이론을 설명했다. 『얼마나 열광적인 탐구였는가(*What Mad Pursuit*)』(1988)는 이중 나선을 발견한 역사적 사건에 대한 그의 관점을 서술한 일종의 자서전이다.

1962년에 왓슨, 크릭과 함께 윌킨스도 DNA 분자 구조 발견의 공로를 인정받아 노벨 생리학·의학상을 수상하였다. 윌킨스는 킹스 칼리지에서 X선 회절에 관한 그의 연구를 계속 수행했다. 그는 두 명의 동료들과 함께 왓슨과 크릭의 논문이 실린 『*Nature*』지의 같은 호에 DNA에 대한 왓슨과 크릭의 모델을 지지하는 논문을 발표했다. 1955년 이후로 윌킨스는 킹스

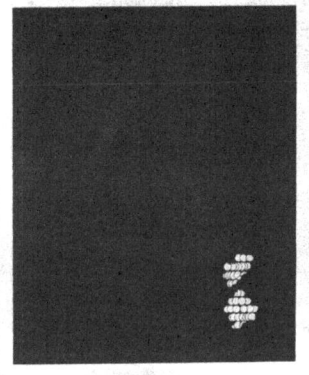

1965년 왓슨이 저술한 『유전자의 분자생물학』 제1판(W. A. Benjamin, Inc.)의 표지
(역자 첨가 자료. 한양 대학교 자연과학대학 생물학과 박은호 교수 소장)

1956년 마드리드에서 열린 학회에서 회동한 과학자와 그 부인들. 왼쪽에서부터 규리스(Anne Cullis), 크릭, 캐스퍼(Don Caspar), 쿠르그(Aaron Klug), 프랭클린, 크릭의 부인 오딜 그리고 켄드루

칼리지에서 분자생물학 교수를 지냈으며 킹스 칼리지에 있는 생물리 연구단(Biophysical Research Unit)의 부책임자를 맡게 됐다.

윌킨스는 한동안 신경생물학에 관심을 갖고 신경 세포와 신경계를 연구하기도 했다. 그는 신경 세포막 연구를 수행했지만 그 일에서 큰 흥미를 느낄 수 없었다. 즉, 그는 이 분야에서 진정 흥미로운, 적합한 연구 주제를 찾을 수 없었고 결국 얼마 후 신경생물학 연구를 그만두었다. 대신에 그는 과학이 가지는 사회적 의미와 연관된 폭넓은 주제에 많은 관심을 가졌다. 예를 들어 식량과 기근, 핵무기 감축, 과학자들의 사회적 책임과 같은 주제에 대해서 연구했다.

윌킨스는 왓슨과 크릭이 취했던 환원주의자적 입장에 대해 어느 정도 비판적이었다. 그는 생명과 인간 존재에 대한 모든 것이 원자와 분자로 설명할 수 있다는 그들의 생각이 잘못됐다고 생각했다. 그는 비록 분자생물학이 강력한 과학적 도구이기는 하지만 과학자들이 결코 분자생물학을 통해 세상의 모든 것을 이해할 수는 없을 것이라고 생각했다.

프랭클린은 왓슨과 크릭이 DNA 구조를 발견할 무렵에 버크벡 대학으로 옮겼다. 그녀와 고슬링 역시 『Nature』지의 같은 호에 이중 나선을 지지하는 논문을 발표했다.

하지만 그녀의 인생은 비극적이게도 너무 짧았다. 그녀는 1958년 봄, 38세의 꽃다운 나이에 백혈병으로 사망하고 말았다. 그녀는 죽음을 앞둔 불과 몇 달 전에 암이라는 진단을 받았다. 그러나 그녀는 병원에 입원한 이후에도 거의 죽기 전까지 연구를 계속했다.

프랭클린이 DNA 구조의 발견에 기여한 역할에 대해서는 많은 논란이 있어 왔다. 그녀의 51번 사진은 DNA 퍼즐을 해결하는 데 있어서 명백히 중요한 단서가 됐다. 그러나 DNA 퍼즐에 대한 연구와 가장 밀접하게 관련된 4명 중에서 오직 그녀만이 노벨상을 수상하지 못했다.

그렇게 된 한 가지 이유는 노벨상의 규칙상 어떤 경우든 하나의 상에는 수상자가 3명이 넘을 수 없기 때문이다. 또 다른 이유는 노벨상이 오직 살아 있는 과학자에게만 수여되기 때문이다. 1962년에 왓슨, 크릭 그리고 윌킨스에게 노벨상이 수여됐을 때는 이미 프랭클린이 고인이 된 지 4년째 되던 해였다.

그럼에도 어떤 과학사가들은 그녀가 높이 평가받아야 한다고 주장한다. 위대한 결정학자이자 버크벡 대학에서 프랭클린의 상관이었던 버날(J. D. Bernal) 교수는 만약 그녀가 생존했음에도 노벨상을 받지 못했다면 과학계는 충격받았을 것이라고 술회했다.

세이어를 포함한 또 다른 사람들은 노벨상이 왓슨과 크릭에게만 수여됐거나 왓슨, 크릭과 함께 윌킨스 대신에 프랭클린에게 수여됐을 가능성에 대해서 고려해 보기도 했다. 또한 세이어는 프랭클린이 노벨상을 못 받은 것보다 더 큰 손실은 그녀가 마땅히 받았어야 할 평가를 사후에도 제대로 받지 못한 것이라고 생각했다.

그리빈은 DNA 발견에 대한 올바른 평가를 하기 위해, 보다 더 강력하고 포괄적인 비평을 제시했다. 그는 왓슨과 크릭이 1953년 4월 25일자 『Nature』지의 논문에서 그들의 발견에 분명히 도움이 됐던 프랭클린, 윌킨스, 고슬링의 도움에 대해 적절한 평가를 하지 않았다는 점을 지적했다. 그는 『Nature』지에 함께 실렸던 세 편의 논문, 즉 왓슨과 크릭의 논문, 윌킨스와 킹스 칼리지의 두 동료들의 논문, 프랭클린과 고슬링의 논문 등이 DNA 구조가 발견된 과정에 대해 완전히 잘못된 역사를 제공했다고 주장한다.

그리빈은 다음과 같이 쓰고 있다. 왓슨이 B형 DNA의 X선 사진을 보고 DNA 구조를 밝히게 된 영감을 얻었음에도, 왓슨과 크릭은 X선 사진의 도움 없이 자신들의 기본 지식에서 비롯된 돌발적인 영감으로 DNA 구조를 밝힌 것처럼 논문에 제시하고 있다. 물론 DNA 구조의 발견에 대한 이러한 관점, 즉 DNA 모델이 갑작스런 영감으로부터 얻어졌다는 설명은 전적으로 틀린 것이다.

케임브리지에서 왓슨과 크릭의 동료였던 켄드루와 페루츠 역시 1962년에 노벨상을 수상했다. 그들은 단백질 구조에 대한 그들의 연구 업적을 인정받아 화학 분야에서 상을 받았다. 왓슨, 크릭, 윌킨스, 켄드루, 페루츠와 함께 스톡홀름의 노벨상 시상식장에 나타난 사람은 폴링이었다. 폴링은 그의 두 번째 노벨상인 노벨 평화상을 받기 위해 그곳에 왔다. 그는 이후 30여 년 동안 과학과 정치 분야에서 영향력 있는 학자로서 많은 일을 했다.

1953년 4월 25일자 『Nature』지에 발표된
DNA 구조의 발견에 관한 역사적인 논문 3편(역자 첨가 자료)

- Watson, J. D. and F. H. C. Crick, 1953. Molecular Structure of Nucleic Acids. Nature 171:737~738
- Wilkins, M. H. F., A. R. Stokes and H. R. Wilson 1953. Molecular Structure of Deoxypentose Nucleic Acids. Nature 171:738~740
- Franklin, R. E. and R. G. Gosling, 1953. Molecular Configuration in Sodium Thymonucleate. Nature 171:740~741

equipment, and to Dr. G. E. R. Deacon and the captain and officers of R.R.S. *Discovery II* for their part in making the observations.

[1] Young, F. B., Gerrard, H., and Jevons, W., *Phil. Mag.*, **40**, 149 (1920).
[2] Longuet-Higgins, M. S., *Mon. Not. Roy. Astro. Soc., Geophys. Supp.*, **5**, 285 (1949).
[3] Von Arx, W. S., Woods Hole Papers in Phys. Oceanog. Meteor., **11** (3) (1950).
[4] Ekman, V., *Arkiv. Mat. Astron. Fysik. (Stockholm)*, **2** (11) (1905).

MOLECULAR STRUCTURE OF NUCLEIC ACIDS

A Structure for Deoxyribose Nucleic Acid

WE wish to suggest a structure for the salt of deoxyribose nucleic acid (D.N.A.). This structure has novel features which are of considerable biological interest.

A structure for nucleic acid has already been proposed by Pauling and Corey[1]. They kindly made their manuscript available to us in advance of publication. Their model consists of three intertwined chains, with the phosphates near the fibre axis, and the bases on the outside. In our opinion, this structure is unsatisfactory for two reasons: (1) We believe that the material which gives the X-ray diagrams is the salt, not the free acid. Without the acidic hydrogen atoms it is not clear what forces would hold the structure together, especially as the negatively charged phosphates near the axis will repel each other. (2) Some of the van der Waals distances appear to be too small.

Another three-chain structure has also been suggested by Fraser (in the press). In his model the phosphates are on the outside and the bases on the inside, linked together by hydrogen bonds. This structure as described is rather ill-defined, and for this reason we shall not comment on it.

We wish to put forward a radically different structure for the salt of deoxyribose nucleic acid. This structure has two helical chains each coiled round the same axis (see diagram). We have made the usual chemical assumptions, namely, that each chain consists of phosphate diester groups joining β-D-deoxyribofuranose residues with 3′,5′ linkages. The two chains (but not their bases) are related by a dyad perpendicular to the fibre axis. Both chains follow righthanded helices, but owing to the dyad the sequences of the atoms in the two chains run in opposite directions. Each chain loosely resembles Furberg's[2] model No. 1; that is, the bases are on the inside of the helix and the phosphates on the outside. The configuration of the sugar and the atoms near it is close to Furberg's 'standard configuration', the sugar being roughly perpendicular to the attached base. There

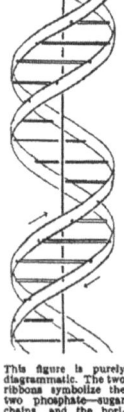

This figure is purely diagrammatic. The two ribbons symbolize the two phosphate—sugar chains, and the horizontal rods the pairs of bases holding the chains together. The vertical line marks the fibre axis

is a residue on each chain every 3·4 A. in the z-direction. We have assumed an angle of 36° between adjacent residues in the same chain, so that the structure repeats after 10 residues on each chain, that is, after 34 A. The distance of a phosphorus atom from the fibre axis is 10 A. As the phosphates are on the outside, cations have easy access to them.

The structure is an open one, and its water content is rather high. At lower water contents we would expect the bases to tilt so that the structure could become more compact.

The novel feature of the structure is the manner in which the two chains are held together by the purine and pyrimidine bases. The planes of the bases are perpendicular to the fibre axis. They are joined together in pairs, a single base from one chain being hydrogen-bonded to a single base from the other chain, so that the two lie side by side with identical z-co-ordinates. One of the pair must be a purine and the other a pyrimidine for bonding to occur. The hydrogen bonds are made as follows : purine position 1 to pyrimidine position 1 ; purine position 6 to pyrimidine position 6.

If it is assumed that the bases only occur in the structure in the most plausible tautomeric forms (that is, with the keto rather than the enol configurations) it is found that only specific pairs of bases can bond together. These pairs are : adenine (purine) with thymine (pyrimidine), and guanine (purine) with cytosine (pyrimidine).

In other words, if an adenine forms one member of a pair, on either chain, then on these assumptions the other member must be thymine ; similarly for guanine and cytosine. The sequence of bases on a single chain does not appear to be restricted in any way. However, if only specific pairs of bases can be formed, it follows that if the sequence of bases on one chain is given, then the sequence on the other chain is automatically determined.

It has been found experimentally[3,4] that the ratio of the amounts of adenine to thymine, and the ratio of guanine to cytosine, are always very close to unity for deoxyribose nucleic acid.

It is probably impossible to build this structure with a ribose sugar in place of the deoxyribose, as the extra oxygen atom would make too close a van der Waals contact.

The previously published X-ray data[5,6] on deoxyribose nucleic acid are insufficient for a rigorous test of our structure. So far as we can tell, it is roughly compatible with the experimental data, but it must be regarded as unproved until it has been checked against more exact results. Some of these are given in the following communications. We were not aware of the details of the results presented there when we devised our structure, which rests mainly though not entirely on published experimental data and stereochemical arguments.

It has not escaped our notice that the specific pairing we have postulated immediately suggests a possible copying mechanism for the genetic material.

Full details of the structure, including the conditions assumed in building it, together with a set of co-ordinates for the atoms, will be published elsewhere.

We are much indebted to Dr. Jerry Donohue for constant advice and criticism, especially on interatomic distances. We have also been stimulated by a knowledge of the general nature of the unpublished experimental results and ideas of Dr. M. H. F. Wilkins, Dr. R. E. Franklin and their co-workers at

King's College, London. One of us (J. D. W.) has been aided by a fellowship from the National Foundation for Infantile Paralysis.

J. D. WATSON
F. H. C. CRICK

Medical Research Council Unit for the
Study of the Molecular Structure of
Biological Systems,
Cavendish Laboratory, Cambridge.
April 2.

[1] Pauling, L., and Corey, R. B., *Nature*, 171, 346 (1953); *Proc. U.S. Nat. Acad. Sci.*, 39, 84 (1953).
[2] Furberg, S., *Acta Chem. Scand.*, 6, 634 (1952).
[3] Chargaff, E., for references see Zamenhof, S., Brawerman, G., and Chargaff, E., *Biochim. et Biophys. Acta*, 9, 402 (1952).
[4] Wyatt, G. R., *J. Gen. Physiol.*, 36, 201 (1952).
[5] Astbury, W. T., Symp. Soc. Exp. Biol. 1, Nucleic Acid, 66 (Camb. Univ. Press, 1947).
[6] Wilkins, M. H. F., and Randall, J. T., *Biochim. et Biophys. Acta*, 10, 192 (1953).

Molecular Structure of Deoxypentose Nucleic Acids

WHILE the biological properties of deoxypentose nucleic acid suggest a molecular structure containing great complexity, X-ray diffraction studies described here (cf. Astbury[1]) show the basic molecular configuration has great simplicity. The purpose of this communication is to describe, in a preliminary way, some of the experimental evidence for the polynucleotide chain configuration being helical, and existing in this form when in the natural state. A fuller account of the work will be published shortly.

The structure of deoxypentose nucleic acid is the same in all species (although the nitrogen base ratios alter considerably) in nucleoprotein, extracted or in cells, and in purified nucleate. The same linear group of polynucleotide chains may pack together parallel in different ways to give crystalline[1–3], semi-crystalline or paracrystalline material. In all cases the X-ray diffraction photograph consists of two regions, one determined largely by the regular spacing of nucleotides along the chain, and the other by the longer spacings of the chain configuration. The sequence of different nitrogen bases along the chain is not made visible.

Oriented paracrystalline deoxypentose nucleic acid ('structure B' in the following communication by Franklin and Gosling) gives a fibre diagram as shown in Fig. 1 (cf. ref. 4). Astbury suggested that the strong 3·4-A. reflexion corresponded to the internucleotide repeat along the fibre axis. The ~ 34 A. layer lines, however, are not due to a repeat of a polynucleotide composition, but to the chain configuration repeat, which causes strong diffraction as the nucleotide chains have higher density than the interstitial water. The absence of reflexions on or near the meridian immediately suggests a helical structure with axis parallel to fibre length.

Diffraction by Helices

It may be shown[6] (also Stokes, unpublished) that the intensity distribution in the diffraction pattern of a series of points equally spaced along a helix is given by the squares of Bessel functions. A uniform continuous helix gives a series of layer lines of spacing corresponding to the helix pitch, the intensity distribution along the nth layer line being proportional to the square of J_n, the nth order Bessel function. A straight line may be drawn approximately through

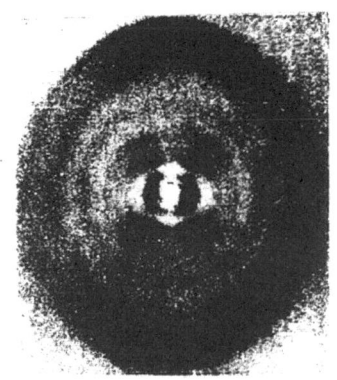

Fig. 1. Fibre diagram of deoxypentose nucleic acid from *B. coli*. Fibre axis vertical

the innermost maxima of each Bessel function and the origin. The angle this line makes with the equator is roughly equal to the angle between an element of the helix and the helix axis. If a unit repeats n times along the helix there will be a meridional reflexion (J_0^2) on the nth layer line. The helical configuration produces side-bands on this fundamental frequency, the effect[5] being to reproduce the intensity distribution about the origin around the new origin, on the nth layer line, corresponding to C in Fig. 2.

We will now briefly analyse in physical terms some of the effects of the shape and size of the repeat unit or nucleotide on the diffraction pattern. First, if the nucleotide consists of a unit having circular symmetry about an axis parallel to the helix axis, the whole diffraction pattern is modified by the form factor of the nucleotide. Second, if the nucleotide consists of a series of points on a radius at right-angles to the helix axis, the phases of radiation scattered by the helices of different diameter passing through each point are the same. Summation of the corresponding Bessel functions gives reinforcement for the inner-

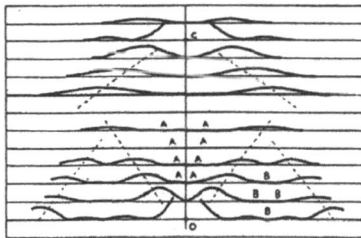

Fig. 2. Diffraction pattern of system of helices corresponding to structure of deoxypentose nucleic acid. The squares of Bessel functions are plotted about 0 on the equator and on the first, second, third and fifth layer lines for half of the nucleotide mass at 20 A. diameter and remainder distributed along a radius, the mass at a given radius being proportional to the radius. About C on the tenth layer line similar functions are plotted for an outer diameter of 12 A.

most maxima and, in general, owing to phase difference, cancellation of all other maxima. Such a system of helices (corresponding to a spiral staircase with the core removed) diffracts mainly over a limited angular range, behaving, in fact, like a periodic arrangement of flat plates inclined at a fixed angle to the axis. Third, if the nucleotide is extended as an arc of a circle in a plane at right-angles to the helix axis, and with centre at the axis, the intensity of the system of Bessel function layer-line streaks emanating from the origin is modified owing to the phase differences of radiation from the helices drawn through each point on the nucleotide. The form factor is that of the series of points in which the helices intersect a plane drawn through the helix axis. This part of the diffraction pattern is then repeated as a whole with origin at C (Fig. 2). Hence this aspect of nucleotide shape affects the central and peripheral regions of each layer line differently.

Interpretation of the X-Ray Photograph

It must first be decided whether the structure consists of essentially one helix giving an intensity distribution along the layer lines corresponding to $J_1, J_2, J_3 \ldots$, or two similar co-axial helices of twice the above size and relatively displaced along the axis a distance equal to half the pitch giving $J_2, J_4, J_6 \ldots$, or three helices, etc. Examination of the width of the layer-line streaks suggests the intensities correspond more closely to $J_1{}^2, J_2{}^2, J_3{}^2$ than to $J_2{}^2, J_4{}^2, J_6{}^2 \ldots$ Hence the dominant helix has a pitch of ~ 34 A., and, from the angle of the helix, its diameter is found to be ~ 20 A. The strong equatorial reflexion at ~ 17 A. suggests that the helices have a maximum diameter of ~ 20 A. and are hexagonally packed with little interpenetration. Apart from the width of the Bessel function streaks, the possibility of the helices having twice the above dimensions is also made unlikely by the absence of an equatorial reflexion at ~ 34 A. To obtain a reasonable number of nucleotides per unit volume in the fibre, two or three intertwined coaxial helices are required, there being ten nucleotides on one turn of each helix.

The absence of reflexions on or near the meridian (an empty region AAA on Fig. 2) is a direct consequence of the helical structure. On the photograph there is also a relatively empty region on and near the equator, corresponding to region BBB on Fig. 2. As discussed above, this absence of secondary Bessel function maxima can be produced by a radial distribution of the nucleotide shape. To make the layer-line streaks sufficiently narrow, it is necessary to place a large fraction of the nucleotide mass at ~ 20 A. diameter. In Fig. 2 the squares of Bessel functions are plotted for half the mass at 20 A. diameter, and the rest distributed along a radius, the mass at a given radius being proportional to the radius.

On the zero layer line there appears to be a marked $J_{10}{}^2$, and on the first, second and third layer lines, $J_9{}^2 + J_{11}{}^2$, $J_8{}^2 + J_{12}{}^2$, etc., respectively. This means that, in projection on a plane at right-angles to the fibre axis, the outer part of the nucleotide is relatively concentrated, giving rise to high-density regions spaced c. 6 A. apart around the circumference of a circle of 20 A. diameter. On the fifth layer line two J_5 functions overlap and produce a strong reflexion. On the sixth, seventh and eighth layer lines the maxima correspond to a helix of diameter ~ 12 A. Apparently it is only the central region of the helix structure which is well divided by the 3·4-A. spacing, the outer parts of the nucleotide overlapping to form a continuous helix. This suggests the presence of nitrogen bases arranged like a pile of pennies[1] in the central regions of the helical system.

There is a marked absence of reflexions on layer lines beyond the tenth. Disorientation in the specimen will cause more extension along the layer lines of the Bessel function streaks on the eleventh, twelfth and thirteenth layer lines than on the ninth, eighth and seventh. For this reason the reflexions on the higher-order layer lines will be less readily visible. The form factor of the nucleotide is also probably causing diminution of intensity in this region. Tilting of the nitrogen bases could have such an effect.

Reflexions on the equator are rather inadequate for determination of the radial distribution of density in the helical system. There are, however, indications that a high-density shell, as suggested above, occurs at diameter ~ 20 A.

The material is apparently not completely paracrystalline, as sharp spots appear in the central region of the second layer line, indicating a partial degree of order of the helical units relative to one another in the direction of the helix axis. Photographs similar to Fig. 1 have been obtained from sodium nucleate from calf and pig thymus, wheat germ, herring sperm, human tissue and T_2 bacteriophage. The most marked correspondence with Fig. 2 is shown by the exceptional photograph obtained by our colleagues, R. E. Franklin and R. G. Gosling, from calf thymus deoxypentose nucleate (see following communication).

It must be stressed that some of the above discussion is not without ambiguity, but in general there appears to be reasonable agreement between the experimental data and the kind of model described by Watson and Crick (see also preceding communication).

It is interesting to note that if there are ten phosphate groups arranged on each helix of diameter 20 A. and pitch 34 A., the phosphate ester backbone chain is in an almost fully extended state. Hence, when sodium nucleate fibres are stretched[3], the helix is evidently extended in length like a spiral spring in tension.

Structure in vivo

The biological significance of a two-chain nucleic acid unit has been noted (see preceding communication). The evidence that the helical structure discussed above does, in fact, exist in intact biological systems is briefly as follows:

Sperm heads. It may be shown that the intensity of the X-ray spectra from crystalline sperm heads is determined by the helical form-function in Fig. 2. Centrifuged trout semen give the same pattern as the dried and rehydrated or washed sperm heads used previously[4]. The sperm head fibre diagram is also given by extracted or synthetic[1] nucleoprotamine or extracted calf thymus nucleohistone.

Bacteriophage. Centrifuged wet pellets of T_2 phage photographed with X-rays while sealed in a cell with mica windows give a diffraction pattern showing the main features of paracrystalline sodium nucleate as distinct from that of crystalline nucleoprotein. This confirms current ideas of phage structure.

Transforming principle (in collaboration with H. Ephrussi-Taylor). Active deoxypentose nucleate allowed to dry at ~ 60 per cent humidity has the same crystalline structure as certain samples[5] of sodium thymonucleate.

We wish to thank Prof. J. T. Randall for encouragement; Profs. E. Chargaff, R. Signer, J. A. V. Butler and Drs. J. D. Watson, J. D. Smith, L. Hamilton, J. C. White and G. R. Wyatt for supplying material without which this work would have been impossible; also Drs. J. D. Watson and Mr. F. H. C. Crick for stimulation, and our colleagues R. E. Franklin, R. G. Gosling, G. L. Brown and W. E. Seeds for discussion. One of us (H. R. W.) wishes to acknowledge the award of a University of Wales Fellowship.

M. H. F. WILKINS
Medical Research Council Biophysics
    Research Unit,
A. R. STOKES
H. R. WILSON
Wheatstone Physics Laboratory,
   King's College, London.
    April 2.

[1] Astbury, W. T., Symp. Soc. Exp. Biol., 1, Nucleic Acid (Cambridge Univ. Press, 1947).
[2] Riley, D. P., and Oster, G., Biochim. et Biophys. Acta, 7, 526 (1951).
[3] Wilkins, M. H. F., Gosling, R. G., and Seeds, W. E., Nature, 167, 759 (1951).
[4] Astbury, W. T., and Bell, F. O., Cold Spring Harb. Symp. Quant. Biol., 6, 109 (1938).
[5] Cochran, W., Crick, F. H. C., and Vand. V., Acta Cryst., 5, 581 (1952).
[6] Wilkins, M. H. F., and Randall, J. T., Biochim. et Biophys. Acta, 10, 192 (1953).

Molecular Configuration in Sodium Thymonucleate

SODIUM thymonucleate fibres give two distinct types of X-ray diagram. The first corresponds to a crystalline form, structure A, obtained at about 75 per cent relative humidity; a study of this is described in detail elsewhere[1]. At higher humidities a different structure, structure B, showing a lower degree of order, appears and persists over a wide range of ambient humidity. The change from A to B is reversible. The water content of structure B fibres which undergo this reversible change may vary from 40–50 per cent to several hundred per cent of the dry weight. Moreover, some fibres never show structure A, and in these structure B can be obtained with an even lower water content.

The X-ray diagram of structure B (see photograph) shows in striking manner the features characteristic of helical structures, first worked out in this laboratory by Stokes (unpublished) and by Crick, Cochran and Vand[5]. Stokes and Wilkins were the first to propose such structures for nucleic acid as a result of direct studies of nucleic acid fibres, although a helical structure had been previously suggested by Furberg (thesis, London, 1949) on the basis of X-ray studies of nucleosides and nucleotides.

While the X-ray evidence cannot, at present, be taken as direct proof that the structure is helical, other considerations discussed below make the existence of a helical structure highly probable.

Structure B is derived from the crystalline structure A when the sodium thymonucleate fibres take up quantities of water in excess of about 40 per cent of their weight. The change is accompanied by an increase of about 30 per cent in the length of the fibre, and by a substantial re-arrangement of the molecule. It therefore seems reasonable to suppose that in structure B the structural units of sodium thymonucleate (molecules or groups of molecules) are relatively free from the influence of neighbouring

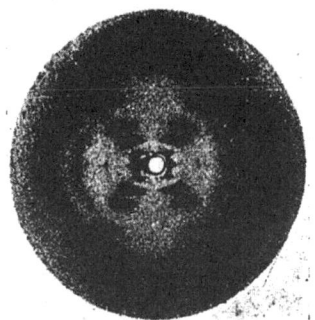

Sodium deoxyribose nucleate from calf thymus. Structure B

molecules, each unit being shielded by a sheath of water. Each unit is then free to take up its least-energy configuration independently of its neighbours and, in view of the nature of the long-chain molecules involved, it is highly likely that the general form will be helical[5]. If we adopt the hypothesis of a helical structure, it is immediately possible, from the X-ray diagram of structure B, to make certain deductions as to the nature and dimensions of the helix.

The innermost maxima on the first, second, third and fifth layer lines lie approximately on straight lines radiating from the origin. For a smooth single-strand helix the structure factor on the nth layer line is given by:

$$F_n = J_n(2\pi rR) \exp i\, n(\psi + \tfrac{1}{2}\pi),$$

where $J_n(u)$ is the nth-order Bessel function of u, r is the radius of the helix, and R and ψ are the radial and azimuthal co-ordinates in reciprocal space[2]; this expression leads to an approximately linear array of intensity maxima of the type observed, corresponding to the first maxima in the functions J_1, J_2, J_3, etc.

If, instead of a smooth helix, we consider a series of residues equally spaced along the helix, the transform in the general case treated by Crick, Cochran and Vand is more complicated. But if there is a whole number, m, of residues per turn, the form of the transform is as for a smooth helix with the addition, only, of the same pattern repeated with its origin at heights mc'', $2mc''$ ... etc. (c is the fibre-axis period).

In the present case the fibre-axis period is 34 A. and the very strong reflexion at 3·4 A. lies on the tenth layer line. Moreover, lines of maxima radiating from the 3·4-A. reflexion as from the origin are visible on the fifth and lower layer lines, having a J_5 maximum coincident with that of the origin series on the fifth layer line. (The strong outer streaks which apparently radiate from the 3·4-A. maximum are not, however, so easily explained.) This suggests strongly that there are exactly 10 residues per turn of the helix. If this is so, then from a measurement of R_n the position of the first maximum on the nth layer line (for $n < $), the radius of the helix, can be obtained. In the present instance, measurements of R_1, R_2, R_3 and R_5 all lead to values of r of about 10 A.

Since this linear array of maxima is one of the strongest features of the X-ray diagram, we must conclude that a crystallographically important part of the molecule lies on a helix of this diameter. This can only be the phosphate groups or phosphorus atoms.

If ten phosphorus atoms lie on one turn of a helix of radius 10 A., the distance between neighbouring phosphorus atoms in a molecule is 7·1 A. This corresponds to the P . . . P distance in a fully extended molecule, and therefore provides a further indication that the phosphates lie on the outside of the structural unit.

Thus, our conclusions differ from those of Pauling and Corey[4], who proposed for the nucleic acids a helical structure in which the phosphate groups form a dense core.

We must now consider briefly the equatorial reflexions. For a single helix the series of equatorial maxima should correspond to the maxima in $J_0(2\pi rR)$. The maxima on our photograph do not, however, fit this function for the value of r deduced above. There is a very strong reflexion at about 24 A. and then only a faint sharp reflexion at 9·0 A. and two diffuse bands around 5·5 A. and 4·0 A. This lack of agreement is, however, to be expected, for we know that the helix so far considered can only be the most important member of a series of coaxial helices of different radii; the non-phosphate parts of the molecule will lie on inner co-axial helices, and it can be shown that, whereas these will not appreciably influence the innermost maxima on the layer lines, they may have the effect of destroying or shifting both the equatorial maxima and the outer maxima on other layer lines.

Thus, if the structure is helical, we find that the phosphate groups or phosphorus atoms lie on a helix of diameter about 20 A., and the sugar and base groups must accordingly be turned inwards towards the helical axis.

Considerations of density show, however, that a cylindrical repeat unit of height 34 A. and diameter 20 A. must contain many more than ten nucleotides.

Since structure B often exists in fibres with low water content, it seems that the density of the helical unit cannot differ greatly from that of dry sodium thymonucleate, 1·63 gm./cm.³ [1,4], the water in fibres of high water-content being situated outside the structural unit. On this basis we find that a cylinder of radius 10 A. and height 34 A. would contain thirty-two nucleotides. However, there might possibly be some slight inter-penetration of the cylindrical units in the dry state making their effective radius rather less. It is therefore difficult to decide, on the basis of density measurements alone, whether a repeating unit contains ten nucleotides on each of two or on each of three co-axial molecules. (If the effective radius were 8 A. the cylinder would contain twenty nucleotides.) Two other arguments, however, make it highly probable that there are only two co-axial molecules.

First, a study of the Patterson function of structure A, using superposition methods, has indicated[6] that there are only two chains passing through a primitive unit cell in this structure. Since the $A \rightleftharpoons B$ transformation is readily reversible, it seems very unlikely that the molecules would be grouped in threes in structure B. Secondly, from measurements on the X-ray diagram of structure B it can readily be shown that, whether the number of chains per unit is two or three, the chains are not equally spaced along the fibre axis. For example, three equally spaced chains would mean that the nth layer line depended on J_{3n}, and would lead to a helix of diameter about 60 A. This is many times larger than the primitive unit cell in structure A, and absurdly large in relation to the dimensions of nucleotides. Three unequally spaced chains, on the other hand, would be crystallographically non-equivalent, and this, again, seems unlikely. It therefore seems probable that there are only two co-axial molecules and that these are unequally spaced along the fibre axis.

Thus, while we do not attempt to offer a complete interpretation of the fibre-diagram of structure B, we may state the following conclusions. The structure is probably helical. The phosphate groups lie on the outside of the structural unit, on a helix of diameter about 20 A. The structural unit probably consists of two co-axial molecules which are not equally spaced along the fibre axis, their mutual displacement being such as to account for the variation of observed intensities of the innermost maxima on the layer lines; if one molecule is displaced from the other by about three-eighths of the fibre-axis period, this would account for the absence of the fourth layer line maxima and the weakness of the sixth. Thus our general ideas are not inconsistent with the model proposed by Watson and Crick in the preceding communication.

The conclusion that the phosphate groups lie on the outside of the structural unit has been reached previously by quite other reasoning[1]. Two principal lines of argument were invoked. The first derives from the work of Gulland and his collaborators[7], who showed that even in aqueous solution the —CO and —NH$_2$ groups of the bases are inaccessible and cannot be titrated, whereas the phosphate groups are fully accessible. The second is based on our own observations[1] on the way in which the structural units in structures A and B are progressively separated by an excess of water, the process being a continuous one which leads to the formation first of a gel and ultimately to a solution. The hygroscopic part of the molecule may be presumed to lie in the phosphate groups ((C_5H_7O)$_3PO_4Na$ and (C_5H_7O)$_3PO_4Na$ are highly hygroscopic[8]), and the simplest explanation of the above process is that these groups lie on the outside of the structural units. Moreover, the ready availability of the phosphate groups for interaction with proteins can most easily be explained in this way.

We are grateful to Prof. J. T. Randall for his interest and to Drs. F. H. C. Crick, A. R. Stokes and M. H. F. Wilkins for discussion. One of us (R. E. F.) acknowledges the award of a Turner and Newall Fellowship.

ROSALIND E. FRANKLIN*
R. G. GOSLING

Wheatstone Physics Laboratory,
King's College, London.
April 2.

* Now at Birkbeck College Research Laboratories, 21 Torrington Square, London, W.C.1.

[1] Franklin, R. E., and Gosling, R. G. (in the press).
[2] Cochran, W., Crick, F. H. C., and Vand, V., Acta Cryst., 5, 501 (1952).
[3] Pauling, L., Corey, R. B., and Branson, H. R., Proc. U.S. Nat. Acad. Sci., 37, 205 (1951).
[4] Pauling, L., and Corey, R. B., Proc. U.S. Nat. Acad. Sci., 39, 84 (1953).
[5] Astbury, W. T., Cold Spring Harbor Symp. on Quant. Biol., 12, 56 (1947).
[6] Franklin, R. E., and Gosling, R. G. (to be published).
[7] Gulland, J. M., and Jordan, D. O., Cold-Spring Harbor Symp. on Quant. Biol., 12, 5 (1947).
[8] Drushel, W. A., and Felty, A. R., Chem. Zent., 89, 1016 (1918).

제6장

노벨상 이후의 크릭

이상적인 과학적 모델은 두 가지 특징을 지니고 있다. 그 한 가지는 이러한 모델들이 과학자들에게 이미 알려져 있는 여러 사실을 종합해 제기된 문제의 해결책을 제시한다는 점이며, 두 번째는 또 다른 질문과 문제를 제기해 새로운 연구 방향을 제시한다는 점이다. 그러한 질문과 문제점 제기 덕에 새롭고 흥미로운 결과가 나타난다면 그 모델은 이상적인 것이라고 말할 수 있다.

이러한 측면에서 왓슨과 크릭의 DNA 구조 모델은 생물학 역사상 가장 영향력 있는 모델 중 하나였다고 할 수 있다. 이 모델은 생명 현상의 수수께끼 중에 가장 중요하다고 할 수 있는 두 가지 의문, 즉 세포 분열의 전제 조건인 유전자 복제와 단백질 합성이 어떻게 일어나는가에 대한 해답을 제시했다.

복제는 하나의 세포가 두 세포로 나뉘는 과정이다. 일반적으로 두 개의 딸세포는 모세포와 동일하다고 할 수 있다. 머리카락을 만드는 세포 하나가 분열해 만들어진 두 개의 딸세포는 원래의 세포와 똑같다. 어떻게 복제 과정이 이렇게 완벽하게 일어날 수 있는가?

왓슨과 크릭의 DNA 모델은 이 질문에 대해 너무도 쉽고 낭연한 해답을 제시한다. 이미 앞에서(84쪽) DNA 분자 각각의 가닥으로부터 동일한 복사본이 만들어지는 과정에 대해 설명한 바 있다. DNA 이중 나선이 풀리면 질소 화합물인 염기가 노출된다. 이때 DNA 가닥 각각은 새로운 가닥의 주형 역할을 하게 된다. 새로 합성되는 DNA 가닥의 염기 배열 순서는 주형 역할을 하는 이미 존재하고 있던 DNA 가닥에 의해 결정된다. 결국 새로운 두 분자의 DNA 이중 나선이 만들어지며, 이때 만들어진 두 분자는 원래 있던 DNA 분자의 정확한 복사본이 되는 것이다.

그러나 1953년대만 하더라도 이 과정을 자세히 이해하는 사람은 아무도 없었다. 예를 들어 왓슨과 크릭의 모델을 비판하는 사람들은 DNA 이중 나선을 구성하는 두 가닥이 서로 간에 밀접하게 감싸 돌고 있음을 지적했다. 복제가 일어나기 위해서는 이 두 가닥이 풀어지고 분리돼야 하는데, 어떻게 이 과정이 일어나는지가 불분명했던 것이다.

왓슨과 크릭도 자신들의 모델에 대해 비판자들이 제기하는 문제점을 포함해 여러 문제점이 있다는 것을 알고 있었다. 실제로 이들은 1953년 후반기에 『Nature』지에 발표한 논문에서 이 문제에 대해 비교적 자세히 언급했다. 그러나 이들은 동시에 자신들이 제시한 모델의 전반적인 개념이 명약관화하므로 이 모델이 옳다는 것을 확신했다. 이제 해결해야 할 당면 문제는 실제로 복제가 일어나는 메커니즘을 밝히는 일이었다.

DNA 모델에 대한 그들의 확신은 메셀슨(Mattew Meselson)과 스탈(Franklin Stahl)이 DNA 복제가 왓슨과 크릭이 제시한 대로 반보존적(semi-conservative)[1]으로 일어난다는 사실을 실험을 통해 입증함으로써 불과 4년 만에 확인됐다.

왓슨과 크릭의 모델에서 제기된 두 번째 연구 주제인 단백질 합성에 대한 연구는 훨씬 더 복잡했다. 모든 과학자들은 생명체에서 단백질의 기능

---

[1] 반보존적 DNA 복제: DNA 복제 때 이중 나선 중 1개의 나선은 주형으로 원래대로 보존되고 상보 사슬만이 합성돼 새로운 이중 나선이 복제되는 현상.

이 아주 중요하다는 사실을 인식하고 있었다. 크릭 자신도 단백질이 생명체에서 거의 모든 일을 한다고 말한 바 있다.

DNA의 구조가 밝혀진 다음의 문제는 DNA 분자에 저장돼 있는 유전 정보가 어떻게 단백질 분자를 만드는가 하는 점이다.

이 문제는 과정상 두 부분으로 구성돼 있다. 첫 번째 의문은 유전 정보가 어떻게 DNA 분자에 저장됐는가 하는 점이며, 두 번째 의문은 그 유전 정보가 어떻게 단백질 분자로 번역되는가 하는 점이다.

왓슨과 크릭 두 사람은 DNA의 구조를 발견하기 전에 이 문제에 관해서도 생각해 보았다. 첫 번째 의문에 대한 해답은 간단해 보였다. 당과 인산으로 구성돼 있는 기본 뼈대는 유전 정보와 연관돼 있을 수는 없었다. 왜냐하면 DNA 분자들은 모두 동일한 당-인산의 기본 뼈대를 가지고 있기 때문에 이것이 각 생물체에게 특이한 정보를 제공할 수는 없기 때문이었다.

따라서 유전 정보는 질소 원자를 포함한 염기에 저장돼 있을 수밖에 없었다. 그렇다면 DNA 분자상에서의 이들 염기 배열은 머리카락이나 눈 색깔, 얼굴 모습, 성격 등 여러 가지 유전적 특성을 어떠한 방식으로든 암호화해야 한다.

1953년 DNA 구조의 규명 이후, 크릭은 10여 년 이상 이 문제를 해결하는 일에 몰두했다. 크릭은 1957년 9월에 개최된 실험생물학회(Society for Experimental Biology) 심포지엄에 앞선 기조 강연에서 이 암호화에 대한 문제를 요약했다. 그는 이 강연에서 '서열 가설(sequence hypothesis)'을 발표했다. 이 가설에 의하면 DNA 분자상의 염기 배열 순서가 특정 단백질의 아미노산 배열 순서에 대한 암호라는 것이었다.

이제 문제는 명료해졌다. DNA는 4종류의 질소 염기인 아데닌(A), 시토신(C), 구아닌(G), 티민(T)을 가지고 있다. 단백질 분자는 가장 기본적인 수준에서 본다면 아미노산이라고 하는 단위들이 길게 늘어서 있는 사슬이라고 할 수 있다. 이들 아미노산은 글리신, 알라닌, 프롤린, 페닐알라닌, 글루탐산과 같은 것들이다. 문제는 DNA상의 네 가지 질소 염기가 어떻게 20가지의 상이한 아미노산을 지정할 수 있는가 하는 것이다.

암호의 유형에는 여러 가지가 있다. 암호 중 한 가지 유형은 숫자가 글자를 지정하는 것이다. 예를 들어 1이 A, 2가 B, 3이 C 등을 지정한다. 그러나 이런 유형이 DNA 암호 체계에서 이용될 수는 없다. 왜냐하면 숫자에 해당하는 질소 염기가 4종류이므로 이 방식대로라면 4종류의 아미노산밖에 지정할 수 없기 때문이다.

다른 가능성은 4개의 숫자를 사용하되 조합의 방식을 이용하는 것이다. 예를 들어 숫자 1, 2, 3, 4를 둘씩 조합해 '11'을 A, '12'는 B, '13'을 C, '14'는 D, '21'은 E, '22'는 F 등을 지정하도록 하는 것이다. 그러나 이런 방식 즉, 2자 암호로는 16가지 조합 즉 16종류의 아미노산만을 지정할 수 있을 뿐이다. 따라서 2자 암호인 경우는 20가지의 아미노산을 지정하는 암호로 이용하기에는 부족하다.

이 문제를 해결하는 데에는 수십 명의 생물학자들이 10여 년 이상을 소모해야 했다.[2] 이들은 경우에 따라 DNA를 다루기도 했고, 또 다른 핵산의 종류인 RNA를 다루기도 했다. RNA도 4종류의 질소 염기인 아데닌, 시토신, 구아닌, 그리고 DNA에 있는 티민 대신 우라실을 가지고 있다.

크릭은 다른 사람들과 마찬가지로 여러 가능성을 탐색했다. 많은 시간에 걸쳐 그는 최종적인 답을 통해 문제에 대해 생각하곤 했으며 많은 실험결과를 분석해 그 결과들이 결국 무엇을 의미하는지를 파악하고자 했다. 그는 이렇게 해서 다른 생물학자들이 직접 실험으로 검증해 보도록 새로운 학설들을 제안했다.

한때 크릭은 그가 가장 좋아하던 일인 실험실에서의 연구 활동을 직접 해 보기로 결심했다. 그러나 실험실에서 직접 실험을 수행하는 능력에 있어 크릭의 재능이 그리 뛰어나지는 않았던 것 같다. 같이 일했던 한 사람은 "크릭은 실질적인 실험 능력에서 탁월한 능력을 지닌 것 같지는 않았다. 어떤 때에는 현미경의 대안렌즈를 슬라이드에 갖다 대는 등의 황당한 행동을 보이기도 했다."라고 술회하고 있다. 그도 그럴 것이 그는 어떤 면에서 이론 생물 물리학자였으므로 피펫이나 현미경을 다뤄 본 경험이 전혀 없으니 말이다. 그러니 그는 실험대에서 열심히 일했으며, 계획한 실험을 마치기 위해 주말에도 나와 일하곤 했다.

결국 생물학자들이 유전 암호를 해독하기 시작했다. 첫 번째 돌파구는 1961년에 나왔다. 미국의 생화학자인 니렌버그(Marshall Nirenberg, 1927~2010)는 RNA 분자에 있는 3개의 질소 염기로 구성된 UUU가 아

---

2 한국유전학회 총서 제9권 『유전 암호의 수수께끼를 풀기까지』, 2002, 전파과학사.

미노산인 페닐알라닌을 지정한다는 것을 발견했다. 이 발견은 세포에서 RNA상에 UUU가 나타나기만 하면 단백질 합성 때 반드시 페닐알라닌 분자가 지정돼야 함을 의미한다.

이렇게 하나의 아미노산을 지정하는 데에는 3개의 염기가 한 세트로 된 암호가 필요하다는 점이 명백해졌다. 이러한 염기의 세트를 '코돈(codon)'이라고 한다. 그 후 6년에 걸쳐 과학자들은 20가지 아미노산에 대한 코돈을 밝혀냈고, 그 암호를 '유전 암호(genetic code)'라고 부른다.

〈그림 10〉에 있는 표는 크릭이 처음 제시했다. 이 표는 각각의 아미노산에 대한 코돈을 보여 주고 있다. 이 표를 사용하려면 첫째 좌측의 염기, 둘째 상단의 염기, 셋째 우측의 염기를 읽으면 된다. 예를 들어 코돈 GCA가 무엇을 지정하는지를 알고자 한다면 좌측에서 G를 찾고, 상단에서 C를 찾고, 우측에서 A를 찾으면 된다. 이렇게 하면 GCA가 "Ala", 즉 아미노산인 알라닌을 지정한다는 것을 알 수 있다.

표에서 세 군데에 "정지(stop)"라고 표시된 것을 주목하라. 이것은 세 가지 코돈이 어떤 아미노산도 지정하지 않음을 의미한다. 생물학자들을 이들 코돈이 또 다른 의미를 갖고 있음을 발견했다. 이들은 세포에게 특정한 단백질의 합성을 언제 정지할 것인가를 지시하는 것이다. 이 마지막 세 가지의 코돈이 브레너(Sydney Brenner)와 공동 연구를 수행했던 크릭에 의해 1967년에 밝혀졌다는 것은 DNA의 기능에 관한 연구의 흐름에서 매우 적절한 귀결이었다고 할 수 있다.

어떤 코돈은 세포가 단백질 합성을 언제 개시해야 하는가를 지시한다.

유전 암호

		U		C		A		G		
첫째 염기	U	UUU UUC UUA UUG	Phe Phe Leu Leu	UCU UCC UCA UCG	Ser Ser Ser Ser	UAU UAC UAA UAG	Tyr Tyr Stop Stop	UGU UGC UGA UGG	Cys Cys Stop Trp	U C A G
	C	CUU CUC CUA CUG	Leu Leu Leu Leu	CCU CCC CCA CCG	Pro Pro Pro Pro	CAU CAC CAA CAG	His His Gln Gln	CGU CGC CGA CGG	Arg Arg Arg Arg	U C A G
	A	AUU AUC AUA AUG	Ile Ile Ile Met (start)	ACU ACC ACA ACG	Thr Thr Thr Thr	AAU AAC AAA AAG	Asn Asn Lys Lys	AGU AGC AGA AGG	Ser Ser Arg Arg	U C A G
	G	GUU GUC GUA GUG	Val Val Val Val	GCU GCC GCA GCG	Ala Ala Ala Ala	GAU GAC GAA GAG	Asp Asp Glu Glu	GGU GGC GGA GGG	Gly Gly Gly Gly	U C A G

둘째 염기 / 셋째 염기

표에 사용한 아미노산 약어에 해당하는 아미노산의 명칭

Phe 페닐알라닌 His 히스티딘
Leu 류신 Gln 글루타민
Ile 이소류신 Asn 아스파라긴
Met 메티오닌 Lys 리신
Val 발린 Asp 아스파르트산
Ser 세린 Glu 글루탐산
Pro 프롤린 Cys 시스테인
Thr 트레오닌 Trp 트립토판
Ala 알라닌 Arg 아르기닌
Tyr 티로신 Gly 글리신

그림 10 유전 암호와 각 암호가 지정하는 아미노산

AUG가 바로 그것인데 이 코돈은 메티오닌(Met)을 지정한다. 따라서 단백질 합성은 항상 메티오닌으로부터 시작한다.

유전 암호에 관한 연구는 단백질 합성이라는 또 다른 큰 문제와 결부돼 있었다. 단백질을 만들 때 유전 암호는 어떻게 이용되는 것일까? DNA는 세포의 핵 안에 존재하며, 단백질은 핵 밖의 리보솜에서 만들어진다. 리보솜은 세포질에 존재하는 작은 구조물이다. DNA에 저장된 정보가 어떻게 핵으로부터 실제 이를 사용할 세포질의 리보솜으로 전달되는가?

왓슨과 크릭은 일찍부터 이러한 의문을 풀기 위해 노력해 왔으며 그 과정을 설명하는 데 서로 비슷한 생각을 가지고 있었다. 즉 DNA가 직접적으로 단백질을 만들 수는 없으며, 대신 DNA 내에 암호화된 정보가 핵산의 또 다른 형태인 RNA에 전달되고, 이 RNA가 단백질을 만드는 데 사용된다고 믿고 있었다. 왓슨은 일찍이 1952년 11월, 그가 생각하고 있던 단백질 합성 과정이 어떻게 일어나는지를 보여 주는 한 장의 스케치를 만들었다.

크릭 또한 수년 동안 이 문제를 해결하기 위해 계속 실험해 왔으며, 1957년 『실험생물학회지(*Journal of Experimental Biology*)』에 발표한 논문에서 단백질 합성 기작이 어떻게 일어나는지를 설명했다. 그의 개념은 〈그림 11〉과 같이 도식화할 수 있다. 그림에서 실선의 화살표는 정보가 전달될 수 있는 주경로이고 점선의 화살표는 정보가 전달될 가능성은 있으나 희박한 경로를 나타내며, 화살표 표시가 없는 과정은 정보가 전달될 수 없다는 것을 나타낸다.

DNA 주위의 둥근 화살표는 복제를 의미하는데, DNA 분자 내 유전 정보가 복제 기작에 의해 다른 DNA 분자로 전달될 수 있다는 것을 나타낸다. 크릭은 유사한 과정이 RNA 분자에서도 가능할 것이라고 생각했다. RNA 분자는 새로운 RNA 분자를 만들기 위해 그 자신이 복제할 것으로 생각했다. 이 생각을 RNA 주위의 둥근 화살표로 나타내고 있다.

크릭은 DNA 분자의 유전 정보가 RNA 분자에 전달되면(〈그림 11〉에

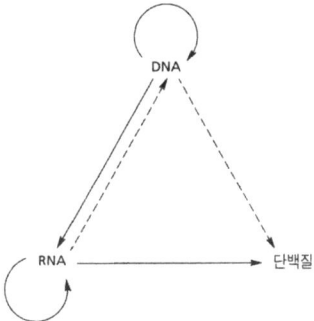

그림 11 크릭은 DNA의 유전 정보가 RNA로 전사돼야만 단백질이 합성될 수 있다고 믿었으며, 수많은 실험을 통해 이것이 사실임이 입증됐다. 그러나 DNA 정보가 단백질로도 직접 전달될 수 있다는 주장은 사실이 아님이 밝혀졌다.

서 DNA로부터 RNA까지 연결된 실선의 화살표), 단백질 합성이 이뤄질 것이라 생각했다. 단백질을 만들기 위해 DNA 정보를 복사한 RNA의 정보가 이용되는 것이다(〈그림 11〉에서 RNA로부터 단백질까지 연결된 실선의 화살표). RNA가 DNA에서 단백질로 유전 정보를 전달하기 때문에 이 RNA를 전령 RNA(mRNA)라고 부른다. 크릭은 유전 정보가 흐르는 이러한 그의 개념을 생명 현상의 중추적인 개념이라는 의미로 중심 원리(Central Dogma)라고 명명했다.

일부 과학자들은 이러한 개념을 강력하게 부정했다. 그들은 오직 DNA만이 "중심 분자(master molecule)"라고 믿었다. 생물학자 코모너(Barry Commoner)는 DNA 복제와 단백질 합성 과정이 크릭이 제안한 도식보다 훨씬 더 복잡할 것이라고 주장했다. 그는 단백질 합성이 DNA에만 의존하는 것이 아니라 살아 있는 세포 전체가 참여하는 매우 복잡한 다중 분자 체계에 의존한다고 주장했다.

크릭은 단백질 합성 과정이 복잡하다는 것을 부정하지는 않았지만, DNA가 정보의 기원이며, 정보의 근원이 결코 단백질이 아니라고 일관되게 주장했다. 그는 세포 내에서 유전 정보의 전달은 항상 DNA에서 단백질로 진행되며, 일단 '유전 정보'가 단백질로 전달되면 되돌릴 수 없다고 했다. 즉, 단백질에서 단백질로 또는 단백질에서 핵산으로 유전 정보가 전달되는 것은 불가능하다는 주장이었다.

크릭이 옳았다는 것을 지금은 고등학생들도 알고 있다. 그러나 몇 가지 실험만으로는 중심 원리를 확인할 수는 없었다. 위대한 과학적 개념은 일반적으로 쉽게 풀리지는 않는다. 대신에, 수많은 실험이 중심 원리가 사실이라는 가정하에 수행됐다. 실험을 통해 과학자들은 점점 더 중심 원리가 옳다는 것을 확신하게 됐다.

오늘날, 과학자들은 크릭의 일반 개념이 몇몇 관점에서는 불완전하다는 것을 알고 있다. 그러나 전체적으로는 세포 내에서 진행되는 정보의 흐름을 정확히 표현하고 있어서, 현대 생물학의 위대한 이론 중의 하나로 받아들여지고 있다.

세포 내에서의 단백질 합성은 두 단계의 과정으로 이뤄지고 있다. 첫 단계에서 DNA 내에 저장됐던 유전 암호는 전령 RNA로 전사된다. 이 단계는 DNA의 이중 나선이 풀리면서 시작되는데 이때 염기가 노출되며, 가닥을 따라 노출되는 염기 서열을 주형으로 mRNA를 생산한다.

다음과 같은 DNA 가닥이 있다고 가정하자.

```
- D - P - D - P - D - P - D - P - D - P - D - P - D -
    |       |       |       |       |       |       |       |
    T       C       G       C       A       T       T       C
```

그림에서, "D"는 디옥시리보오스를, "P"는 인산기를 나타내며, "A", "C", "G", "T"는 4종의 염기를 나타낸다.

mRNA 분자는 이러한 가닥으로부터 만들어지고, 다음과 같은 구조를 가진다.

```
- R - P - R - P - R - P - R - P - R - P - R - P - R -
    |       |       |       |       |       |       |       |
    A       G       C       G       U       A       A       G
```

mRNA 분자의 골격에서 당은 디옥시리보오스 대신 리보오스로 구성돼 있다. mRNA 가닥의 염기들은 '염기쌍의 상보적 결합 법칙'에 의해 자동적으로 결정된다. 예를 들면, DNA 가닥의 첫 번째 염기 T는 mRNA 분자에서 반드시 A를 지정하고, 다음의 염기 C는 mRNA 분자에서 G를 지정한다.

RNA에는 T 대신 우라실(Uracil, U)이 존재한다. RNA 분자의 경우, 염기쌍 결합 법칙은 A와 U 그리고 G와 C이다. 그러므로 다섯 번째 DNA 염기, A는 mRNA의 상응하는 위치에 U를 지정한다.

핵에서 mRNA 가닥이 합성되면 mRNA는 세포질로 이동해 리보솜에 부착하게 된다. 리보솜은 mRNA 분자를 따라 한쪽 끝에서 다른 끝으로 이동하면서 mRNA 염기 서열을 읽어 나가는데, 3문자로 이뤄진 유전 암호(codon)를 한 번에 한 조씩 해독한다.

리보솜이 유전 암호를 해독하면, 각각의 암호에 상응하는 아미노산이 mRNA에 정확히 자리 잡는다. 예를 들어, 위에서 나타낸 mRNA 분자의 첫 번째 유전 암호는 AGC이며, 이것은 아미노산 세린을 지칭하는 암호이다. 리보솜이 이 유전 암호를 읽고 지나가면, mRNA의 그 위치에 세린 분자를 결합시킨다.

각각의 유전 암호가 읽히면 새로운 아미노산은 mRNA 분자에 있는 기존의 아미노산과 결합한다. 결국, 긴 아미노산 사슬, 즉 새로운 단백질이 합성된다. 아미노산의 정확한 서열은 DNA의 염기 서열이 지정한 mRNA의 염기 서열에 의해 결정된다.

크릭은 단백질 합성과 관련된 세 번째 의문, 즉 아미노산을 운반하는 분자에 대해 흥미를 가졌다. 생화학자들이 아미노산과 mRNA를 확인한 결과, 두 종류의 분자는 서로 결합할 수 없음을 알아냈다. mRNA와 아미노산이 서로 결합할 수 없다면 어떻게 mRNA가 단백질 분자를 만들 수 있단 말인가?

크릭은 그러한 의문에 대한 해답을 알고 있었다. 그는 세포가 운반체

단백질 합성 과정

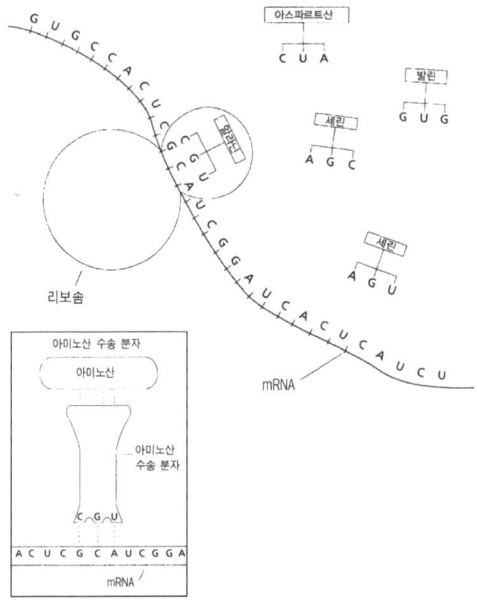

그림 12 크릭은 일찍이 1955년에 '아미노산 운반체'에 대한 개념을 최초로 제안했으며, 수많은 실험이 이를 입증했다. 이를 현재 운반 RNA(transfer RNA, tRNA)라고 부른다

처럼 작용하는 특별한 종류의 분자를 가지고 있다고 가정했으며, 그 운반체가 한쪽 끝에는 아미노산을 그리고 다른 쪽 끝에는 mRNA 분자에 부착할 수 있다고 가정했다. 〈그림 12〉의 그림은 이러한 운반체 분자를 나타내고 있다.

만약 이러한 분자가 존재한다면, 단백질 합성이 어떻게 일어나는지를 알 수 있을 것이다. 〈그림 12〉는 단백질 합성 과정을 묘사하고 있다. mRNA 분자가 세포 내의 리보솜에 결합돼 있다는 것과 각각의 운반체 분자는 서로 다른 아미노산과 결합돼 있다는 것을 보여 주고 있다. 크릭은 세포 내에 20종의 각기 다른 아미노산이 존재하기 때문에 운반체 또한 최소한 20종이 될 것이라고 예측했다.

운반체 분자는 결국 mRNA 분자를 찾아가서 그 한쪽 끝이 mRNA의 적절한 코돈과 결합한다. 그러면 운반체의 다른 끝에 붙어 있는 아미노산들이 나란히 늘어서게 되고, 그 아미노산들이 서로 연결되면 단백질이 만들어진다. 그 후 운반체 분자는 단백질과 mRNA로부터 떨어져 나간다.

크릭은 1955년 초 RNA 타이클럽(RNA Tie Club)에 보낸 편지에서 운반체 분자에 대한 아이디어를 처음 내놓았다. RNA 타이클럽은 가모프(George Gamow)가 만든 비공식 과학자 모임이었다. 1933년 고향 러시아에서 미국으로 이주한 이론 물리학자였던 가모프는 유전 암호와 단백질 합성을 포함한 다양한 주제에 관심을 가지고 있었다.

가모프는 1954년 RNA 타이클럽을 창설했다. 모임의 목적은 RNA 구조의 수수께끼를 풀고 단백질을 만드는 과정을 규명하자는 것이었다. 그는 초록색 당과 인산 체인과 노란색 염기로 클럽의 상징인 RNA 도안이 날염된 넥타이를 만들었다. 각 아미노산을 대표하는 20명의 회원을 뽑아서 모임을 만들 계획이었다.

왓슨과 마찬가지로 크릭도 원래 이 클럽 회원은 아니었다. 그러나 그는 몇 가지 아주 중요한 편지와 논문을 클럽 회원들에게 보냈다. 그중 「퇴화한 주형과 운반체 가설에 관해(*On Degenerate Templates and Adapter Hypothesis*)」 논문에 앞에서 설명한 아이디어가 담겨 있었다.

DNA 구조 발견 30주년 기념식(1983)에서 만난 왓슨(왼쪽)과 크릭

그 후 6년간 과학자들은 운반체 분자에 대한 정보를 모았다. 크릭의 생각은 다시 한번 옳았던 것이다! 그런 분자가 세포 안에 존재하며, 그가 예상했던 대로 행동한다는 것이 밝혀졌다. 다른 종류의 RNA로 밝혀진 그 분자는 운반 RNA(transfer RNA, tRNA)라고 명명돼 오늘날에도 그렇게 부르고 있다.

크릭은 1977년에 케임브리지 대학교를 떠났다. 그는 나중에 자신이 핵산에 대해 충분히 일했다고 느꼈기 때문에 새로운 "도전"을 하고 싶었다고 케임브리지를 떠난 배경에 대해 설명했다. 그 도전이란 바로 뇌 연구였다. 신경생물학을 향한 크릭의 관심은 1940년대로 거슬러 올라간다. 사실 물리학을 떠나기로 결정했을 때 그는 "생물과 무생물의 경계"와 "뇌의 기능" 사이에서 어느 것을 택할지 고심했다. 그러다가 그는 자신의 "기존

과학적 배경을 더 쉽게 적용할 수 있기 때문에" 전자를 선택했다고 피력했다.

그럼에도 신경생물학을 향한 그의 관심은 결코 사라지지 않았다. 그러던 중 1977년에 드디어 새로운 분야의 연구로 관심을 돌릴 수 있는 기회가 찾아왔다. 캘리포니아 라졸라에 있는 솔크 생물학 연구소에 석좌 연구 교수(Kieckhefer Distinguished Research Professor)로 초빙된 것이다.

예상대로 크릭은 그 새로운 주제에 열정과 에너지를 쏟았다. 그는 기존의 모든 뇌 연구 결과를 답지하고 그것을 설명할 수 있는 새로운 가설들을 제안했다.

결국 그는 꿈이라는 주제에 몰두했다. 그리곤 1983년에 이 주제에 대해 영국 수학자 미치슨(Graeme Mitchison)과 공동으로 중요한 논문을 발표했다. 이 논문에서 그들은 꿈의 목적에 대한 가설을 제안했다.

어떤 문명권에서건 인간은 꿈의 의미가 무엇인지 밝히려고 노력해 왔다. 어떤 사회에서는 꿈이 신으로부터의 계시라고 믿었다. 현대 정신분석학의 아버지 프로이트(Sigmund Freud, 1865~1939)는 꿈이 감추어진 정신세계를 대변한다고 생각했다. 그는 꿈을 '무의식의 세계로 가는 지름길(The royal road to the unconscious)'이라고 불렀다.

크릭과 미치슨은 꿈의 의미에 대한 아주 색다른 해석을 제안했다. 꿈은 뇌가 쓸모없는 정보를 잊어버리거나 삭제하는 방법이라는 것이었다.

인간의 뇌가 매일 받아들이는 모든 정보에 대해 생각해 보자. 뇌는 그 정보 중 단지 일부분만 저장할 수 있다. 시간이 지나면서 너무 많은 정보는 뇌를 혼란과 혼동에 빠지게 할 수 있다. 아마도 뇌는 매일 밤 "집 안 청소"로 이 문제를 해결할 것이라고 그들은 말했다.

이런 "집 안 청소"는 REM이라고 알려진 수면 중에 일어날 수 있다. REM은 빠른 눈동자 움직임(rapid-eye-movement)이라는 뜻의 줄인 말이다. REM 수면 중 두뇌 활동은 평상시보다 훨씬 더 활발하다. REM 수면 중에 깨우면 당사자는 그때 꾸던 꿈을 기억할 수 있다.

크릭과 미치슨은 꿈이란 뇌가 기억 창고를 정리하고 있기 때문에 발생한다고 생각한다. 두뇌가 어떤 기억을 간직하고 어떤 것을 "버릴지", 즉 망각할지 결정하고 있는 것이다. 크릭과 미치슨은 이 과정을 "역학습(reverse learning)"이라고 묘사하기도 했다. 역학습은 두뇌 일부분을 깨끗하고 새롭게 만들어 다음 날 새로운 기억을 저장하게끔 준비하는 과정이라는 것이다.

크릭과 미치슨 모델이 꿈에 관한 많은 발견들을 설명한다고 동의하는 뇌 연구자들도 있다. 예를 들자면 아기들은 성인에 비해 REM 수면이 두 배 가량 된다. 이것은 그들의 뇌가 성인의 뇌보다 더 많이 "솎아 내며" 또한 "체계화한다"는 의미일 수 있다.

그들의 생각에 대해 회의적인 과학자들도 있다. 어떤 수면 전문가는 크릭과 미치슨 모델이 "흥미로우며 학문상 발표하고 토론할" 가치는 있지만 "개인적으로 REM 수면이 역학습을 위해 진화된 것이라고는 믿기 어렵다"라고 주장했다.

뇌 연구에 종사하는 사람이라면 누구나 크릭과 미치슨 모델에 대해 동의하는 것이 하나 있다. 그 아이디어를 실험으로 확인하기는 지극히 어렵다는 것이다. 과연 이 가설이 크릭의 또 하나의 번쩍이는 아이디어였는지, 아니면 단지 막다른 골목으로 다가가는 그럴싸한 우회로였는지 알게 되려면 아마 매우 오랜 세월이 걸릴 것이다. 그럴 즈음이면 아마 "크릭은 이미 다른 분야로 옮겨 가서 또 다른 제안"을 내놓아 과학계를 놀라게 할 것이라고 예상한 작가도 있다.

최근 크릭의 관심사 중 하나는 범종자론(panspermia)이었다. 범종자론이란, 말 그대로 모든 곳에 씨를 뿌린다는 뜻의 말이다. 이 개념은 1908년 스웨덴의 화학자로 노벨 화학상을 수상한 아레니우스(Svante Arrhenius, 1859~1927)가 최초로 제안한 것이었다. 아레니우스는 생명이 우주의 다른 곳에서 기원했다고 했다. 그러고 나서 어떤 형태의 포자가 그 기원지로부터 빠져나와 지구까지 왔고, 여기에 뿌리를 내리며 자라나고 진화해 현재 우리가 알고 있는 생명체로 진화했다는 것이다.

1980년대 초 크릭은 솔크 생물학 연구소의 생화학자 오겔(Leslie Orgel, 1927~2007)과 함께 이 아이디어를 재도입했다.

우주의 어떤 곳에 있는 진보된 문명에서 의도적으로 생명의 종자를 우주선에 담아 지구로 보냈다는 가설이었다. 그들은 그 아이디어를 "방향성 범종자론(directed pansparnia)"이라고 불렀다.

크릭은 1981년에 발간한 저서 『생명 그 자체: 생명의 기원과 본질(*Life Itself: Its Origin and Nature*)』에서 방향성 범종자론을 아주 자세하게 설명했다. 방향성 범종자론을 뒷받침할 만한 기존의 모든 과학적 증거들을 열

1991년 솔크 연구소에 재직 중의 크릭

거했다. 예를 들자면 우주 창조 후 이미 생명체가 두 차례 진화하기에 충분한 시간이 경과했다고 지적했다.

모든 사람들은 이 책을 우습게 보았다. 왓슨은 그 가설이 "더할 나위 없이 우스꽝스럽다"라고 했다. 크릭이 공상 소설에 빠져든 모양이라고 비웃는 사람들도 있었다. 그들은 범종자론이라는 아이디어가 공상적이고, 해괴하며, 비과학적이라고 일축했다.

그러나 일부 비판은 『생명 그 자체』라는 책을 자세히 살펴보지 않은 탓도 있었다. 그 책에서 크릭은 방향성 범종자론이라는 아이디어를 반대하는 논리도 펼쳤다. 이 설의 지지자와 반대자들이 모두 사용할 수 있는 과학적 증거를 다 살펴본 것이었다.

그는 나중에 『생명 그 자체』를 집필한 목적이 방향성 범종자론이 진실이라고 납득시키는 데 있는 것이 아니라, 생명의 기원에 관한 가설들을 어떻게 증명할 수 있으며 또 어떻게 증명해야 할지 보여 주기 위한 것이라고 설명했다.

그럼에도 크릭은 방향성 범종자론이라는 아이디어를 확신한 나머지 오늘날 인간이 그 과정을 어떻게 이용할 수 있을지 제안했다. 그는 우주선에 박테리아를 실어 생명체가 없는 천체로 발사하는 방법을 제시했다. 그는 "우주에서 온 포자 출신일지 모르는 우리가 수십억 마리의 박테리아를 실은 방향성 범종자론 우주선들을 외계로 발사한다는 것이 얼마나 역설적인 동시에 적절한 일인가!"라고 황당한 주장을 하고 있다.

크릭의 머리에서는 미래 세계에 관한 혁신적이고, 창조적이고, 자극적이며, 논란의 여지가 많은 아이디어들이 아직도 끊임없이 샘솟고 있는 것이다!

제7장

노벨상 이후의 왓슨

1953년 여름에 왓슨은 무엇을 준비했을까? 그는 이미 생물과학 분야에서 역사적인 발견을 하여, 생물학에서 가장 어렵고, 중요한 의문점을 해결했다. 어떻게 그는 이러한 최고의 업적을 이룰 수 있었으며, 이를 위해 얼마나 많이 노력했을까?

DNA의 수수께끼가 풀리기 전부터 왓슨은 자기 책상 위에 다음과 같은 표를 붙여 놓았다고 한다.

DNA → RNA → 단백질

왓슨과 크릭은 DNA의 유전 암호는 RNA로 전사되고, RNA 암호는 단백질을 만드는 데 사용된다고 확신했다. 단백질이 합성될 때의 RNA의 역할과 RNA의 구조를 밝히는 것이 그들의 다음 과제였다.

캘리포니아 과학기술원에서 근무하던 2년 동안(1953~1955), 왓슨은 이 문제 해결에 전념했다. 그는 DNA를 연구했던 방법으로 RNA를 연구했지만 결과는 성공적이지 못했다. RNA 분자의 X선 사진은 얻기가 매우 어려웠으며, RNA 모형 제작도 실패로 돌아가 RNA 연구는 막다른 골목에 다다르게 됐다.

1955년 가을, 왓슨은 하버드 대학교로 자리를 옮겨 생물학과 조교수가 됐다. 그는 강의와 함께 연구도 계속했는데, 그의 관심은 RNA에서 세포 생장과 세포막, 그리고 박테리오파지 등으로 바뀌었다. 특히 그는 바이러스 연구와 정상 세포가 암세포로 전환되는 과정에 몰두했다.

1953년 여름 콜드 스프링 하버에서의 왓슨

하버드 대학교에서 강의하고 있는 왓슨

왓슨은 점점 연구하는 시간을 줄이고 강의와 행정 업무, 그리고 집필에 더 많은 시간을 보내게 돼, 1962년 노벨상을 받을 때까지만 연구에 전념했다. 실제로 노벨상을 수상한 이후의 연구 논문은 단 한 편밖에 없었다.

교수로서 왓슨에 대한 견해는 다양했다. 대부분의 학생들과 동료들은 그가 결코 특별히 영감을 주는 교수는 아니라고 평한다. 그들은 왓슨은 강의할 때 자기 신발을 보거나 실수를 많이 한다고 했다. 왓슨은 그의 셔츠 주머니에다 대고 중얼거리는 듯한 인상을 줬고 학생들에게 무례했으며 강의를 지루하게 한 것으로 평가되었다. 한 기자는 왓슨에 대해 "그는 때로는 학생들을 무시하고, 또 때로는 그들에게 몇 주 동안 마음의 상처가 될지도 모를 말들을 거침없이 했다"라고 그를 비판했다. 또 어떤 기자는 "그는 학생들이 쓸모없는 일을 한다며 울음이 나올 정도로 심하게 꾸짖는 매우 퉁명스럽고 날카로운 사람이었다"라고 전했다. 심지어 왓슨의 날카로운 비판은 동료들과 학교 관계자들조차도 피할 수 없었다. 왓슨은 분류학자를 가장 낮은 수준의 생물학자로 여기는 그야말로 수준 이하의 편견을 가지고 있었다. 분류학이 없었던들 어찌 분사생물학이 존재할 수 있고 DNA의 신비를 풀 수 있었겠는가?

이러한 평가와는 반대로, 어떤 동료와 학생들은 왓슨의 지적인 인격에 대해 최고의 경의를 표했고 학생들에게 감명을 주는 그의 능력을 칭송했다.

한 졸업생은 "왓슨은 중요한 문제에 대해서는 초인적인 능력으로 최고의 결과를 이끌어 낸다"라고 평했다. 또 왓슨은 자신과 자기 학생에 대해 자신감이 넘쳤다고 한다. 그는 "여러분은 학문을 계속할 수 있다. 그리고 여러분에게 '나는 이것이 옳다는 것을 안다. 계속해라.'라고 끊임없이 격려해 주는 누군가가 있다는 것은 매우 중요하다"라고 말했다. 교수로서의 이런 왓슨의 이미지는 그의 알려진 명성과 걸맞다. 위대한 지식인인 그는 연구에만 전념했으며 지식의 진보에 열정을 쏟았다. 한 동료는 "그를 지배하는 정신적 가치는 생물학이다"라고 그의 가치관을 평했다. 그러나 그는 사회의 세세한 일들에 대해서는 전혀 신경을 쓰지 않았으며, 그가 믿는 것에 대해서는 상대방을 고려하지 않고 주장하곤 했다.

1960년대 초, 왓슨의 관심은 저술로 옮겨졌다. 그는 1965년 『유전자의 분자 생물학』을 출판했다. 이 책은 4판까지 개정 출판돼 분자생물학 분야에서는 고전으로 널리 알려지게 됐다. 하지만 그의 더 유명한 저서는 DNA의 수수께끼가 어떻게 풀렸는지에 관한 회고록인 『이중 나선』이다. 왓슨은 1962년에 이 책을 쓰기 시작해 4년에 걸쳐 탈고했다. 원본의 제목은 『정직한 짐(*Honest Jim*)』으로, 몇몇 동료들이 그에게 지어 준 별명을 사용했다. 그러나 왓슨이 그의 논문에서 프랭클린의 X선 사진 51번을 비공식적으로 인용한 점이 과연 "정직한" 윤리적인 행동일까?

1966년, 왓슨은 이 책의 초고를 크릭과 윌킨스 그리고 DNA를 연구하는 사람들에게 보냈다. 그 원고를 읽은 사람들 중 다수는 격분하고 당황했다. 몇몇 사람들은 그 책에 그려진 자신의 모습에 불쾌해했고, 또 자신의 사생활을 침해했다고 생각한 사람들도 있었다. 위대하고 역사적인 과학

이야기가 싸구려 가십으로 바뀌었다고 격분한 사람도 있었으며, 어떤 사람들은 사실과 달리 지나치게 일방적으로 왜곡한 이야기라고 평했다.

크릭은 왓슨의 원고에 대해 "삼류 여성 잡지에서나 볼 수 있는 것과 같다"라고 표현했는데, "나는 한 번도 겸손한 태도의 크릭을 본 적이 없다"라고 왓슨이 쓴 서두를 보고 크릭이 화를 내는 것은 당연했을 것이다.

크릭과 윌킨스는 그 책의 출판 서명을 거절했다. 더욱이 크릭은 만일 그 원고가 실제로 출판된다면 왓슨을 명예훼손으로 고소하겠다고 위협까지 했다고 한다. 크릭의 분노는 1974년 『Nature』지에 쓴 그의 기사에 잘 드러나 있다. 그는 『풀린 나사(The Loose Screw)』라는 제목으로 DNA 이야기에 대한 자신만의 소견을 쓸 것을 고려했었다고 했으며, "왓슨은 손재주가 없었다. 그가 오렌지 껍질조차 제대로 벗기는 것을 본 사람은 오직 한 사람뿐이다"라는 그의 서두는 이목을 끌기에 충분했다.

원고에 대한 동료들의 이런 반응에도 불구하고 왓슨은 마음을 바꾸지 않았다. 왓슨은 약간의 수정을 가한 후 원고를 출판하고자 했지만, 발행처인 하버드 대학교 출판부(Harvard University Press)는 생각이 달랐다. 하버드 대학교 총장 퍼세이(Nathan Pusey)는 크릭과 윌킨스 그리고 그 외 사람들의 반응에 당황했고, 그는 "과학자들 간의 논쟁"에 대학이 연루되는 것을 원하지 않았으므로 대학 출판부에 그 책을 출판하지 못하게 했다.

왓슨은 다른 출판사인 아테니움 프레스(Atheneum Press)에 그 책의 발행을 제안했다. 아테니움 프레스는 출판을 수락했지만, 그 책에 큰 기대를 걸지 않아 초판으로 7,500부만을 발행했다. 그러나 왓슨의 책에 대한 논쟁

『이중 나선』 초판본(1968. Atheneum Press, New York)의 표지
(역자 첨가 자료. 한양 대학교 자연과학대학 생물학과 박은호 교수 소장)

의 소문은 곧 퍼져 나갔다. 하버드 대학교 학생 신문인 『크림슨(*The Crimson*)』은 대학 출판부가 출판을 거절한 "불순한 책"에 대해 기사화했고, 아테니움 프레스는 예상외의 성공에 놀라지 않을 수 없었다. 『이중 나선』은 1968년 『뉴욕 타임즈(*New york Times*)』지의 베스트셀러 목록에 18주 동안 올랐으며, 비평가들은 다양한 반응을 보였다. 크릭과 윌킨스처럼 가십거리로 평가 절하하는 사람들도 있었고, 『토요일 논평(*The Saturday Night*)』지의 과학 편집자인 레어(John Lear)는 '언쟁의 침울한 이야기와 개인의 야심'이라고 평했다. 레어는 특히 프랭클린에 대한 왓슨의 언급에 비판적이었다. 왓슨은 한 당당한 여성 과학자를 DNA 연구 논쟁에 일부러 끌어들인 것이라고 언급하며, "그녀가 화를 내며 연구소를 비겁하게 뛰쳐나갔

다"라는 왓슨의 표현을 지적했다.

　레어는 특히 그 책이 청소년들에게 미칠 영향을 우려했는데, 그는 "그들은 이상을 지향할수록 더욱 과학의 필요성을 느끼게 될 것이다. 그러나 왓슨의 노벨상 수상에 얽힌 이 이야기는 청소년에게 부정적인 영향을 줄 것이다"라고 평했다. 또 다른 DNA 연구자인 샤가프 또한 그 책을 회의적으로 보았다. 그는 "평소 가십 칼럼을 즐겨 보던 독자들은 매우 좋아할 것이다. 그들은 유명한 한 과학자 부부의 갈등, 입맞춤할 때의 버릇, 또는 다른 사람의 사생활을 이 책에서 읽고 낄낄거릴 것이다"라고 신랄하게 비판했다.

　하지만 과학계의 인간적인 면을 보여 줬다며 이 책을 칭찬하는 사람들도 있었다. 저명한 생물학자 브로노우스키(Jacob Bronowski)는 "이 책은 새로운 형식으로서 과학의 정신을 이야기하며, 과학자가 아닌 사람들에게도 어떻게 과학적인 성취가 이뤄지는지를 전달할 것이다"라고 평했다. 또한 하버드 대학교 교수 르원틴(Richard Lewontin)은 "이 책은 '지식을 언게 해 주는 사람 간의 논쟁'으로써 참된 경쟁과 과학의 진취적 성향을 보여 줬다"라고 평했다.

　결국 DNA 연구에 참여했던 대다수의 사람들은 『이중 나선』이라는 책에 대해서 보다 긍정적인 태도를 취하게 됐다. 크릭 자신은 그 책이 "진정한 역사로서가 아니라 왓슨에 대한 자서전의 일부로서 비춰질 것이고, 독자들이 그런 식으로 그 책을 읽는다면 전혀 다른 인식을 갖게 될 것이다"라고 이야기했다. 비록 왓슨과 크릭이 다시 화해하기는 했지만 그 이후 그들은 서로 공동 연구를 하지도 않았고 실질적인 접촉도 거의 하지 않았다.

어쨌든 『이중 나선』은 커다란 성공을 거두어 한국어를 비롯한 17개 국어로 번역됐으며 "현대적 고전"이라고 불렸다. 어떤 비평가는 "왓슨의 책이 많은 돈을 벌어들였을 뿐 아니라 논픽션의 새로운 장르를 만들어 냈다"라고 언급했다. 그는 이 같은 새로운 형식의 글이 독자들로 하여금 과학자들에 대한 보다 많은 정보를 제공함으로써 과학에 대해 더 잘 이해할 수 있게 할 것이라고 주장했다.

지난 20년 동안 왓슨은 다른 어느 누구보다도 학계의 강력한 지도자로 군림했다. 이 과정에서 그는 연구 과제 선정, 연구비 획득, 특정 프로젝트를 위한 연구원의 구성 그리고 연구 지원을 위한 국회 로비 활동 등등의 정치적인 일에 대해 깊이 관여했다. 과학의 정치적인 측면에 대한 그의 관심은 하버드 대학교 시절로 거슬러 올라간다. 그는 하버드에 재직하는 동안 대통령 과학자문위원회 고문, 정부의 생물학 무기 프로젝트 및 목화바구미 박멸 연구와 관련한 다양한 임명직에 종사했다.

1968년 왓슨에게 강의보다는 행정에 보다 많은 시간을 쏟을 수 있는 기회가 찾아왔다. 그는 콜드 스프링 하버 생물학 연구소의 명예 소장직을 수락했으며, 계속 하버드 대학교에서 일하기는 했지만 주말과 방학은 콜드 스프링 하버에서 보냈다. 1976년 왓슨은 콜드 스프링 하버에서 전임직으로 근무하기로 결정하고, 하버드 대학교의 정교수직을 사임했다. 콜드 스프링 하버 생물학 연구소는 생물학적으로 중요한 과제에 대한 연구를 위해 연구원 모집과 같은 일을 왓슨에게 맡겼다.

1987년 케임브리지 대학교 분자생물학 연구소 설립을 위한 회의에 참석한 노벨상 수상자들.
왼쪽부터 왓슨, 페루츠, 마일스타인(Cesar Milstein), 생어(Fred Sanger),
켄드루 그리고 크루그(Aaron Klug).

콜드 스프링 하버의 과학자들은 강의나 행정에 대한 의무가 없으며 오직 자신들의 연구에만 전념할 수 있었다. 왓슨이 콜드 스프링 하버에 있는 동안 수행한 주요한 연구 과제는 동물의 바이러스성 암이었다. 그는 이 분야에 대한 최고의 과학자들을 전 세계에서 모집했으며, 그들을 위한 새로운 연구소를 설립하고, 이에 필요한 연구비를 제공했다.

많은 과학자들이 콜드 스프링 하버를 연구하기에 완벽한 곳으로 생각한다. 이 연구소는 외부 세계와 완전히 격리된 곳이다. 콜드 스프링 하버에서 30년 이상 일한 허쉬(Alfred Hershey) 박사는 "이 연구소는 폐쇄적 의미에선 상아탑이지만, 좋은 의미에선 세계가 필요로 하는 곳이다"라고 이 연구소에 대해 평가했다. 왓슨의 친구들은 왓슨이 콜드 스프링 하버 연구소장으로 있었을 때가 다른 곳에 있었을 때보다 재치 있고, 사교적이었으며, 인자했다고 회상한다. 왓슨에게 있어서 콜드 스프링 하버는 매우 특별한 곳이었음이 분명하다. 이 연구소는 왓슨에게 30년 이상 직업적으로나 지적 활동 면에서 고향과 같은 곳이었다. 그는 연구소 소장으로 일하며 "내가 생각하는 대로 연구소가 돌아가게 할 수 있는 사람은 없다"라고 이야기했다.

1988년 왓슨은 나이 60을 넘기게 됐다. 그는 전 세계에서 가장 유명하고, 존경받는 생물학자 중 하나가 됐다. 또한 그 나이 또래 대다수의 다른 과학자들보다 연구, 저술, 그리고 행정 분야에서 많은 성공을 거두었다. 누군가 그를 좀 쉬게 하고, 이미 얻은 명예에 만족해 학계에서 은퇴하게 할 수도 있었다. 그러나 그는 또 다른 도전을 시작했다.

1988년 그는 미 국립보건원 산하 인간 유전체 연구소의 소장직을 제의받았고, 그 제의를 수락했다. 인간 유전체 연구는 인간의 모든 유전자의 정체를 밝히겠다는 야심찬 계획이었다. 여기서 인간 게놈이라는 용어는 인체 내에 존재하는 모든 유전자들을 의미하는 것이다. 이러한 연구는 애초에 왓슨과 크릭이 DNA 구조를 발견해 냈기에 가능해진 것이다. 왓슨과 크릭이 세포 내의 유전 정보가 DNA의 염기들에 저장돼 있다는 사실들을 밝혀냈음을 상기하자.

세포가 어떤 단백질을 만들어 낼 것이냐에 대한 명령은 DNA의 염기 서열 그 자체이며, 그 결과 인체 내에서 일어나는 모든 생물학적인 현상들은 DNA 분자의 염기 서열에 암호화돼 있다. 어떤 생물학자들은 이러한 염기 서열이 지능, 애국심, 모성애 등등 인간의 행동 특징들까지도 조절한다고 믿는다. 그들은 DNA의 염기 서열이야말로 인간다움을 형성하는 요체라고 주장한다. 동물의 행동 양상과 법칙을 다루는 사회생물학이라고 불리는 비교적 새로운 생명과학의 분야는 인간의 모든 행동 특징들에 관한 유전적 근거를 찾는 데 노력을 기울이고 있다.

왓슨과 크릭의 발견이 궁극적으로 이야기하는 것은 인간에 존재하는 DNA의 염기 서열을 모두 밝힘으로써 인간의 모든 특성들을 규명하는 것이 이론적으로 가능하다는 것이다. 그러나 인간의 특성에 대한 모든 것이 단지 제한된 수의 물리적 형질들을 나타내는 것인지, 아니면 인간의 총체적인 특징들을 나타내는 것인지의 여부는 아직도 심각한 논쟁거리로 남아 있다.

어떤 경우든 과학자들이 해야 할 연구는 명확하다. 인간의 유전자를 완전히 규명하기 위해서 그들은 거의 30억 쌍에 이르는 인간 DNA의 염기 서열을 모두 밝혀내야 한다. 몇 년 전까지만 해도 이러한 작업은 불가능한 것처럼 여겨졌다. 이론적으로는 가능해 보였지만 그 일을 완성하기 위해서는 시간이 너무 많이 걸릴 것으로 보였다. 그러나 그 후 과학자들은 DNA를 분석해 그 염기 서열을 알려 주는 기계를 발명했고, DNA 절편에 대한 염기지도 작성에 수년이 걸리던 것이 지금은 불과 몇 시간 내에 가능하게 됐다. 1980년대에 불가능해 보였던 일이 1990년대에는 가능한 일이 됐을 뿐 아니라 충분히 할 수 있는 일이 됐다. 그러나 이러한 유전체 프로젝트는 아직 많은 어려운 문제를 안고 있었다. 이 사업을 위해서는 적어도 30억 달러가 소요될 뿐 아니라 전 세계적으로 수십 개의 연구소에서 수천 명의 과학자들이 참여해야 했다.

인간 유전체 프로젝트에 대한 왓슨의 도전은 주춤거리기 시작했다. 그가 직면한 문제들은 거의 과학적, 기술적 문제들이었다. DNA 분석을 위해 새로운 기계를 개발해야 했으며, 자료 분석을 위해 새로운 컴퓨터 프로그램을 만들어야 했다. 또한 과거의 연구 결과들을 새로이 발견한 결과와 통합해 해석해야 했다. 또 다른 문제들은 그가 콜드 스프링 하버에서 직면했던 것과 유사한 행정적인 것들이었다. 그는 연구원들을 적소에 배치시키고, 프로젝트를 계획하며, 프로젝트를 계속 진행하는 데 필요한 연구 자금을 획득하고 분배해야 했다. 게다가 정부 관료들과의 문제도 있었다. 왓슨이 속한 미 국립보건원은 전체적인 인간 유전체 프로젝트에 관여하는 많은 부서 중 하나일 뿐이었다. 예를 들어 에너지부도 유전체 프로젝트를 위한 큰 연구소를 갖고 있었다.

더욱이 소련, 프랑스, 그리고 일본과 같이 다른 나라에서도 유전체 프로젝트를 위한 연구와 재정적 지원이 이뤄지고 있었다. 마지막으로 왓슨은 유전체 프로젝트에서 야기되는 복잡한 윤리적 문제를 해결해야 했다. 어떤 비평가들은 과학자들이 인간의 유전체를 완전히 밝혀냈을 때 어떤 문제가 발생할지 묻는다. 예를 들어 유전체 프로젝트가 완성됐을 때 과학자들은 유전병 치료와 같은 바람직한 일들을 할 수 있을 것이다. 하지만 인간의 배아를 조작해 우리가 원하는 방향으로 태아의 특성을 바꾸는 것 역시 가능해진다.

왓슨은 오랫동안 유전자 연구에 대한 윤리적 딜레마에 대해 생각하고 있었다. 1971년 『대서양(*The Atlantic*)』지에 실린 사설에서 그는 인간 유전자의 조작에 대한 윤리적 문제를 다루었다. 또한 그는 미 국립보건원 인간 유전체 프로젝트의 소장으로서 프로젝트 재정의 3%를 프로젝트의 윤리적 측면을 연구하는 데 사용하도록 결정했다. 유전체 프로젝트를 두고 많은 비평가들은 왓슨이 윤리적 문제에 관심을 가지는 데 환영의 입장을 나타냈다. 왓슨의 이러한 결정에는 많은 찬사가 쏟아졌는데, 그중 한 예가 바로 미 국립보건원 유전체 프로젝트 자문 위원회 위원인 올슨(Maynard Olson) 박사의 말이다. 올슨 박사는 "왓슨의 행동은 용기 있었으며, 좋은 선례가 될 것이다"라고 찬양했다.

미 국립보건원 산하의 인간 유전체 연구소를 이끌기로 한 왓슨의 결정은 많은 동료들에게 호평을 받았다. 하지만 이것이 과학자, 정치인들, 그리고 일반 대중들을 다루는 데서 그의 방식이 온건해지거나 유화적이라는 뜻은 아니다. 예를 들어 1989년 왓슨은 유전체 프로젝트에 대한 일본의 자금 부담이 너무 적다고 강하게 비난했다. 왓슨은 유전체 연구에 연간 9,000만 달러를 쓰고 있는 미국에 비해 일본은 800만 달러밖에 쓰지 않고 있다는 사실에 주목했다. 그뿐만 아니라 일본은 모든 유전체 연구를 통괄하는 인간 유전체 기구(Human Genome Organization)에 전혀 자금을 지원하지 않았다. 왓슨이 지적하고 있는 문제는 연구비를 지원하지 않는 일본인들이 미국을 포함해 세계 여러 곳에서 행해지고 있는 유전체 연구 결과에 대한 접근이 가능할 것이라는 점이었다. 그 연구는 일본인을 포함한 모든 과학자들이 읽을 수 있는 학술지에 발표될 것이었다. 왓슨의 지적은 "미국의 투자로 진행된 인간 유전체 프로젝트의 결과가 관여하지 않은 모든 이들에게도 공개된다면 이는 미국의 국익에 배치되는 것이다"라는 뜻이었다. 그리고 이것은 만약 일본이 어떤 재정적 지원도 하지 않는다면 미국이 발견한 결과에 접근할 수 없을 것이라는 일종의 경고였다. 왓슨은 "나는 평화를 위해 최선을 다할 것이다. 하지만 싸워야 한다면 싸울 것이다"라고 이야기했다. 그렇게 심하지는 않지만 왓슨의 여러 동료들은 왓슨이 일본을 공격한 데 놀랐다. 왓슨의 성격은 새로운 직장에서 그렇게 크게 변하지 않았던 것이다. 그는 여전히 열정적으로 과학의 발전을 위해 전념했으며 정확히 그가 생각하고 있는 것들에 대해서 직설적이고, 솔직하게 이야기했다.

『스미소니언(Smithsonian)』지와의 최근 인터뷰에서 왓슨은 그의 어린 시절을 회고하며 다음과 같이 이야기했다. "나는 어린 시절에 별로 인기 있는 아이는 아니었다. 왜냐하면 나는 내가 옳다고 생각하는 데서는 굽히지 않았으며, 당신도 알다시피 나는 매너 따위에는 관심 없었다. 진실이 보다 중요한데, 매너가 종종 진실을 왜곡할 때가 있기 때문이다" 50년이 지났어도 이러한 가치에 대한 왓슨의 생각은 별로 바뀌지 않은 것 같다.

제8장

DNA에 숨겨졌던 생명의 신비

왓슨은 그의 저서 『이중 나선』에서 크릭이 DNA 구조의 수수께끼를 풀어냈다고 깨달았을 때 보여 준 반응을 기술하고 있다. 이 글에서 점심 식사를 할 때에 "크릭은 카페에 있는 모든 사람들이 다 알아들을 수 있는 큰 소리로 '우리는 생명의 신비를 발견했다'고 소리쳤다"라고 말했다. 크릭은 그렇게 말한 기억이 없다고 한다. 크릭이 그런 말을 한 적이 있든 없든 상관없이 그 말은 진리에 아주 가깝다고 할 수 있다. DNA 분자의 구조가 생명 전체의 의미를 설명하고 있다는 진리는 오늘날 일반적인 상식이 돼 버렸기 때문이다.

이중 나선의 신비를 알아냄으로써 생물학에는 일대 혁명이 일어났고, 생명체에 대한 과학자들의 사고는 완전히 새롭게 변화됐다. 1947년 크릭이 제기한 생명 현상의 이해를 위한 화학적·물리학적 접근은 달성됐고, 왓슨과 크릭의 발견의 결과로 분자생물학이 현대 과학의 중심적인 학문으로 발전하게 된 것이다.

왓슨-크릭 혁명의 한 가지 결과는 생명을 보는 관점의 철학적 변화이다. 반세기 전에는 대부분 사람들이 생물은 무생물과는 다른 특별한 성질을 가지고 있다는 데 동의했다. 그 특성이라는 것은 서론에서 기술했듯이 "생기(vital spirit)", "신의 숨결" 혹은 신비적이거나 초자연적인 힘으로 표현했다.

왓슨과 크릭은 다른 생명관이 가능하다는 것을 보여 줬다. 양배추, 아메바, 오소리 혹은 사람 등 생명체의 특성을 설명할 때 원자와 분자 수준에서 해석할 수 있게 됐다. 금발, 푸른 눈, 왼손잡이를 설명할 때 더 이상 혼령이나 신 같은 단어를 사용할 필요가 없어졌다. 과학자들은 이제 생명의 특성이나 사람의 유전에 대한 수많은 형질이 한 생명체의 세포 속에 있는 DNA 분자에 배열된 염기 서열이 결정한다는 것을 알고 있다.

    DNA 구조의 규명은 사람들의 세계관에 근본적인 변화를 가져왔다. 어떤 과학적인 발견의 한 가지 유익한 점은 자연의 신비감을 감소시키고 이해를 증진시킨다는 점이다. 오늘날에도 비의 혼령이나 신이 비를 내려준다고 생각하는 사람은 거의 없다. 대부분의 사람들은 분노한 초자연적 존재가 벌을 내려 지진이 일어난다고 생각하지도 않는다. 다만 극소수의 사람들만이 농작물이 잘 자라게 하려면 하늘에 제물을 바쳐야 한다고 생각할 뿐이다.

    그러한 사고방식의 기원은 자연에 대한 이해가 부족했던 시기로 거슬러 올라간다. 비가 내리고 지진이 발생하는 것과 식물이 생장하는 것은 신이나 혼령이 변덕을 부리기 때문이라고 생각했었다. 사람들은 자연을 미리 알 수 없는 것으로 또 공포의 대상으로 인식했다.

    이제 과학의 발달로 자연 현상은 인간이 이해할 수 있는 원인을 가지고 있다고 설명할 수 있다. 더 나아가서 그러한 자연에 대한 이해는 자연 현상을 조절할 수 있는 새로운 능력으로 연결될 수 있다. 예를 들면 오늘날의 농부들은 식물의 생장을 조절할 수 있는 많은 방법을 알고 있다. 또 다른 경우에 인공 강우처럼 자연 현상을 조절하는 방법도 발견되고 있다. 그러나 지진처럼 자연에 대한 이해로 예측까지는 가능하지만 조절할 수 없는 예도 있다.

여기서 중요한 점은 자연 현상 원인에 대한 이해 증진이 인간 자신의 조절 문제로 연결된다는 것이다. 인간의 감정이 신비하고 알 수 없는, 그리고 초자연적인 힘에 의존하는 데서부터 점점 벗어나게 될 것이다. 왓슨-크릭의 발견은 자연에 대한 인간의 이해를 증진시키고 자연계의 가장 중요한 부분, 즉 생명 자체에 대한 개념을 과학화시켰다.

DNA 수수께끼의 해결은 엄청나게 많은 중요한 실용적 가치를 창출했고 그 결과는 다음과 같은 기본적 원리에서 시작됐다. 즉 만약 생명체의 특성이 화학적 분자 구조로써 결정된다면, 그러한 특성은 분자에 변화를 줘 바꿀 수 있다는 것이다. 변화 과정은 결국 이미 알려져 있는 혹은 앞으로 개발할 수 있는 물리·화학적 기술에 불과한 것이다. 즉 생명을 기술적으로 조작할 수 있다는 것이다.

유전적 변이의 예를 들어 보자. DNA 분자의 염기 서열에 변이가 일어나면서 세포 내에서도 돌연변이가 가끔 일어난다. 예를 들어, 세포에 방사선을 조사하면 DNA 분자의 질소 염기 한 개가 잘릴 수 있다. DNA상의 염기 한 개만 없어져도 유전 암호가 줄줄이 변해 유전자는 엄청난 변화를 초래한다.

예를 들어 다음 염기 서열에서 별표(*) 한 염기가 결실됐다고 가정해 보자.

```
- D - P - D - P - D - P - D - P - D - P - D - P - D - P - D - P - D -
  |       |       |       |       |       |       |       |       |
  C       T       C       A       C*      G       C       T       T
```

위의 염기 서열에서 염기 결실이 되기 전에 mRNA 전사가 진행되면 mRNA의 염기 순서는 다음과 같다.

```
- R - P - R - P - R - P - R - P - R - P - R - P - R - P - R - P - R -
  |       |       |       |       |       |       |       |       |
  G       A       G       U       G       C       G       A       A
  ─────────────────       ─────────────────       ─────────────────
       코돈 1                     코돈 2                    코돈 3
```

이 mRNA가 번역이 되면 이로부터 만들어진 단백질의 아미노산의 배열 순서는 다음과 같다.

- 글루탐산 - 글루탐산 - 글루탐산 -
 (코돈1)   (코돈2)   (코돈3)

그러나 별표 한 염기가 결실되면 다음과 같이 된다.

```
- D - P - D - P - D - P - D - P - D - P - D - P - D - P - D -
  |       |       |       |               |       |       |       |
  C       T       C       A               G       C       T       T
```

그리고 이 DNA 분자에서 전사된 mRNA 염기 서열은 달라져서 다음과 같이 될 것이다.

```
- R - P - R - P - R - P - R - P - R - P - R - P - R - P - R
  |       |       |       |       |       |       |       |
  G       A       G       U       C       G       A       A
  ‾‾‾‾‾‾‾‾‾‾‾‾‾‾‾‾‾       ‾‾‾‾‾‾‾‾‾‾‾‾‾‾‾‾‾       ‾‾‾‾‾‾‾‾‾‾‾‾‾‾‾‾‾
       코돈1                   코돈2                   코돈3
```

첫 번째 코돈(GAG)은 변화가 없지만 두 번째 코돈은 UGC가 아니라 UCG로 변했다. 새로운 코돈(UCG)은 본래 코돈(UCG)이 지정하는 아미노산이 아닌 다른 아미노산인 세린을 지정한다. 그런 식으로 세 번째 코돈, 네 번째 코돈 그리고 뒤이은 모든 코돈이 줄줄이 전부 바뀌게 된다. DNA 분자에서 단 한 개의 질소 염기가 결실되면서 완전히 새로운, 다른 유전 암호가 만들어지는 것이다.

이와 같은 유전자의 변화를 유전학에서는 돌연변이라고 한다. 돌연변이는 DNA에서 염기가 결실되거나 첨가, 혹은 뒤바뀌는 경우에 일어난다. 돌연변이는 때로 생물체에 치명적인 해를 입히기도 한다. 헤모글로빈은 혈액 내에 존재하면서 세포들에 산소를 운반해 주는 물질이다. 그런데 헤모글로빈 단백질을 만드는 본래의 정확한 유전자에 위와 같은 돌연변이가 일어나면 비극적 결과를 가져오게 된다.

돌연변이가 된 유전자는 헤모글로빈에 대한 잘못된 정보를 제공하게 된다. 어떤 경우에는 전혀 의미가 없는 메시지를 전달해 헤모글로빈 분자 자체가 합성되지 않거나 혹은 기능을 하지 못하는 헤모글로빈 분자를 만들게 한다. 또는 각 세포에 필요한 만큼의 산소를 효과적으로 공급해 주지 못하는 불실한 경우도 있다. 헤모글로빈 분자의 돌연변이에 의한 대표적인 유전병은 낫 형 적혈구 빈혈증인데, 빈혈로 고생하거나 심하면 죽는 경우도 있다.

때로는 돌연변이에 의해 DNA가 손상된 상태로 아이가 태어나기도 한다. 이런 경우 아이는 출산 직후부터 바로 질병에 시달리거나 혹은 잠복기를 거친 후 발병하기도 한다. DNA 손상의 결과로 생긴 병들을 유전병이라고 부른다. 낫 형 적혈구 빈혈증, 혈우병, 근육 위축증, 당뇨병, 테이-삭스병, 헌팅턴 무도병 등 많은 예의 유전적 질환들이 있다. 과학자들은 DNA 손상의 결과로 적어도 3,000가지 이상의 유전적 질환이 발생하는 것으로 생각하고 있다.[1]

DNA 분자의 화학적 구조에 대한 지식은 유전적 질환에 대처하는 유용한 방법을 제공하고 있다. 예를 들어, 앞에서 이야기한 것과 같이 과학자들이 돌연변이에 의해 유발된 유전병을 발견한 경우를 생각해 볼 수 있

---

1 한국유전학회 총서 제2권 『유전병은 숙명인가? 이의 실체와 예방』, 1991, 전파과학사.

다. 즉, DNA 분자에서 시토신이 결실된 경우 그러한 질병을 예방할 수 있는 한 가지 방법은 손상된 DNA를 회복시키는 것이다. DNA 분자 내의 손상된 부위에 시토신 염기를 삽입하면 DNA는 정상적인 상태로 회복될 것이다.

기본적인 발상은 간단하지만 실제로 적용하려면 그렇게 쉬운 일이 아니다. 과학자들의 접근 방법은 여러 단계를 거치는데, 일단 실험실에서 정확한 DNA 분자를 대량으로 복제한 후 정확한 DNA 분자를 유전적 질환을 가진 환자의 세포 속에 삽입한다. 이러한 기술을 적용하기에 가장 좋은 시기는 산모의 자궁에 있는 태아 시기이다. 다행히도 세포들은 삽입된 DNA에 있는 유전 암호를 해독해 정확한 DNA를 만들기 시작한다. 이런 종류의 요법을 유전자 치료라고 하고, 이것이 바로 많은 생물학자들이 사용하고자 하는 기술이다. 생물학자들은 새로운 DNA를 세포에 삽입하는 가장 효과적인 방법 개발을 위해 다각적인 노력을 기울이고 있다. 또 세포 내에서 적절하게 "발현되는" 새로운 DNA를 얻는 방법을 추구하고 있다.

인간에게 유전자 치료법을 이용하기 위한 첫 번째 시도는 1990년 9월에 이뤄졌는데, 중증 복합 면역결핍증을 지닌 4세 소녀에게 시술됐다. 중증 복합 면역결핍증은 면역계가 전혀 작동되지 않는 증세로서 어떤 종류의 감염에도 전혀 대항할 수 없는 속수무책의 악성 질환이다.

중증 복합 면역결핍증 환자는 정상적으로는 얼마 살 수 없다. 감기와 같은 간단한 감염에도 죽을 수밖에 없다. 중증 복합 면역결핍증 환자가 감염을 막을 수 있는 유일한 방법은 무균 상태의 커다란 플라스틱 상자 안에서 사는 것이다. 그러나 이처럼 생활하려면 매우 많은 비용이 든다. 또 감옥과 같은 생활을 얼마나 견딜 수 있겠는가?

1990년 실험의 목적은 그 4세 소녀에게 변형된 새로운 DNA를 공급해 그 분자들이 면역성을 제공하는 정확한 유전 암호로서 작용하게 하는 것이었다. 만약 그 실험이 제대로 됐다면 소녀의 세포는 삽입된 DNA 분자를 해독하기 시작할 것이고 그 소녀가 지니지 못했던 면역성을 회복할 수 있을 것이었다.

왓슨이 수행한 인간 유전체 프로젝트는 그런 종류의 연구에 크게 공헌할 것이다. 유전자 치료는 DNA의 정확한 염기 서열 지식에 크게 의존한다. 예를 들면 1990년의 첫 번째 인간 유전자 치료도 과학자들이 일정한 형태의 면역성을 결정하는 유전 암호의 염기 서열을 그전에 미리 발견했기 때문에 가능했다.

만약 다른 유전적 질환에도 유전자 치료를 적용하려면 인체의 모든 DNA 분자에 대한 정확한 염기 서열을 알아야만 할 것이다. 따라서 유전체 프로젝트로부터 정보를 얻어 사용하려는 일차적인 실용적 목표는 유전병의 치료에 있다고 할 수 있다. 유전자 치료가 보편화되는 날, 1953년 왓슨-크릭의 발견이 암시한 가장 위대한 약속 중 하나가 성취될 것이다.

인간의 유전자 치료에 사용되는 기술은 많은 응용 가능성이 있다. 이미 수많은 시도가 이뤄졌고 상당수는 이미 실용화되고 있다. 사람의 인슐린 생산을 예로 들어 보자. 당뇨병은 가장 흔한 유전병 중 하나이다. 당뇨병은 우리가 섭취한 당분의 양을 조절하는 인슐린이라는 단백질 호르몬

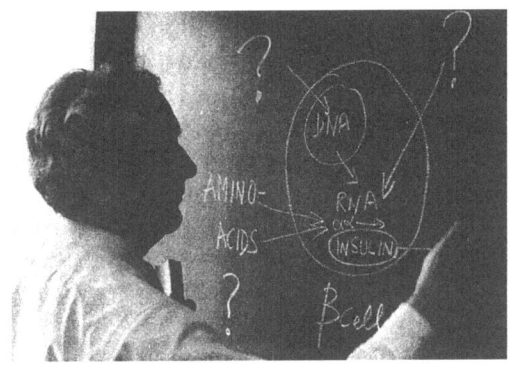
재조합 DNA 기술로 인슐린을 생산할 수 있는 방법을 설명하고 있는 세계보건기구 관계자

이 부족해서 생기는 병이다. 그러므로 매일 적당량의 인슐린을 주사하면 당뇨병 환자는 최악의 증상을 완화시킬 수 있어 정상적인 생활을 할 수가 있다.

그러나 지금까지 인슐린은 동물의 이자에서만 추출할 수 있었기 때문에 1980년대까지만 해도 매우 비싼 약품이었다. 그러나 오늘날에는 재조합 DNA 기술을 이용해서 사람 자체의 인슐린을 경제적으로 생산한다.

과학자들은 어떤 특성을 가진 정확한 염기 서열의 DNA 조각을 만든다. 예를 들면, 인슐린을 만들 수 있는 올바른 유전 암호를 정확하게 가진 DNA 조각을 만들 수 있다.

그런 다음 이 DNA 조각을 다른 분자에 부착해서 박테리아의 세포 속으로 삽입한다. 그러면 합성된 DNA와 박테리아 자신의 DNA가 "재조합"돼 새로운 DNA를 만들게 된다.

재조합 DNA를 가지고 있는 박테리아를 배양기에 넣고 필요한 양분을 공급해 주면, 박테리아는 분열하면서 정상적으로 만들 수 있는 모든 화학 물질을 만들어 낸다. 그리고 덧붙여서 인슐린을 하나 더 만들게 된다. 박테리아가 인슐린을 만드는 능력을 갖게 된 것은 인슐린을 만드는 유전 암호를 박테리아의 DNA에 삽입했기 때문이다.

마지막으로 박테리아에서 인슐린을 추출해 사용하게 되는데 이런 방법으로 인슐린을 만들면 동물을 죽여서 인슐린을 뽑아내는 것보다 훨씬 싼 비용으로 인슐린을 얻을 수 있다. 그뿐만 아니라 사람 자체의 인슐린을 얻게 되므로 부작용도 없는 이상적인 인슐린을 생산할 수 있는 것이다.

유전자 치료법과 DNA 재조합 기술은 이론적으로 모든 생물체에 적용할 수 있다. 과학자들은 이미 그러한 방법을 여러 종류의 생물체에 다목적으로 사용하고 있다. 예를 들면

1. 암소에게 우유 생산을 조절하는 DNA 조각을 추출해 변형시킨 다음, 다른 암소의 DNA에 삽입하면 우유 생산량을 증가시킬 수 있다.

2. 사람에게 생장을 조절하는 DNA 조각을 추출해 변형시킨 다음, 생장이 저조한 어린이의 DNA에 삽입하면 정상적인 어린이로 자라날 수 있다.

3. 어떤 농작물의 DNA를 변형시켜 주면 제초제를 뿌려도 죽지 않게 된다. 따라서 제초제를 살포해도 잡초만 제거하고 농작물은 전혀 피해 입지 않을 수 있다.

그 외에도 비슷한 예를 들자면 끝이 없다. 중요한 점은 오늘날 생물학자들이 박테리아, 밀, 암소 혹은 사람 등에서 생명의 기본적인 특성을 변형시키는 방법을 알고 있다는 것이다. 이러한 엄청난 변화는 1953년 DNA의 구조와 기능에 관한 왓슨-크릭 발견과 뒤이은 연구 때문에 가능하게 됐다.

어떤 사람들은 이 같은 연구의 잠재적인 위험성에 우려를 나타내고 있다. 그들은 "사람이 식물과 동물 그리고 인간의 기본적인 구조를 변경시킬 권리가 있는가?"라는 질문을 한다. 그들은 또 사람들이 DNA 분자를 변형시킴으로 마치 "신처럼 행동"한다고 비판하기도 한다.

대부분의 사람들은 그러한 연구가 유전병을 치료할 수 있게 한다는 면에서는 좋은 생각이라는 데 동의한다. 그러나 다른 적용에 대해서는 회의적이다. 예를 들면, 부모가 태어날 자녀의 머리카락 색깔과 눈의 색깔을 선택하고 결정한다는 것은 동의할 수가 없다는 것이다. 그런데 유전병 치료에 사용하는 기술과 맞춤 아이를 만드는 데 사용하는 기술이 근본적으로 같다는 점을 기억해야 할 것이다.[2]

이 문제를 다루는 데 있어서 지적할 점은 인간이 사여계 지식을 얻기 위해 지불해야 하는 대가가 있다는 것이다. 과학이 발달하면서 알 수 없는 신비한 초자연적인 힘에 대한 공포는 감소한 반면, 사람들 삶의 방식과 자연계를 다루는 데서 선택의 폭은 훨씬 넓어졌다.

유전자 조작 연구에 대한 딜레마를 회상하면서 왓슨은 위험과 선택은

---

[2] 한국유전학회 총서 제4권 『유전자: 생명의 원천』, 1996, 전파과학사.

과학적 발전의 통합적 부분이라고 말하고 있다. 그는 "미래는 원천적으로 위험과 불확실성을 수반한다"라고 지적하고 있다.

또 다른 노벨상 수상자인 볼티모어(David Baltimore)는 1984년에 DNA 구조 발견의 30년을 되돌아보면서 그러한 발견이 인류에게 주는 이익과 위험에 대해 정리했다. 볼티모어는 인간 유전자 치료와 재조합 DNA 연구로 할 수 있는 적용에 대한 관심을 이해한다는 데 동의했다. 그러나 인간은 "미래의 기술을 우리 생활로 통합하기 위해 우리의 능력에 덧붙여 윤리를 준비하는 자세가 필요하다. 그것은 우리가 책임져야 할 가장 중요한 탐구 영역의 하나다"라고 결론지었다.[3]

---

[3] 1993년 DNA 구조의 발견 40주년을 맞아 뉴욕과학원(New York Academy of Sciences)은 DNA 구조의 발견이 현대 생물학과 인류에 미친 영향과 미래에 미칠 영향을 다각도로 조명한 심포지엄을 개최했다.

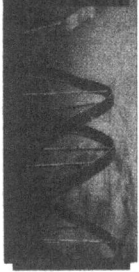

DNA 구조 발견 40주년 기념 심포지엄 논문집
(1995, New York Academy of Sciences, New York)의 표지
(역자 첨가 자료, 한양 대학교 자연과학대학 박은호 교수 소장)